女装造型
设计与实训

刘佟　秦诗雯　王一楠——著

「十四五」部委级规划教材

U0747635

中国纺织出版社有限公司

序

| Preface |

随着全球科技、信息与经济的快速发展，市场需求愈发个性化与细分化，消费形式也呈现出多元化的特点，女装市场发生了巨大的变化，女性的个性化需求成为现代女装产品设计的重要视角。与时俱进、专注产品设计细节与品质、充满人文关怀的设计理念、具有设计创意与工匠精神的原创女装设计师，是这个时代真正急需的设计人才。

"女装设计"是高等专业院校服装设计专业的核心课程之一，以培养学生女装设计的综合能力与创新能力为目标，为此不仅需要训练学习者的款式造型能力，还需要不断拓宽设计维度。对于女装设计师而言，从局部造型到整体的产品形象、从单品设计到系列设计、准确把握定位市场与当下流行动向、发现创意设计的无限可能，这是一个巨大的挑战。

笔者任职于成都纺织高等专科学校，并与成都桐语服装设计工作室、四川省木由忆服饰有限公司等开展项目合作。本书结合企业实际需求与案例，将女装设计的内容与过程进行逐一分解，并对关联知识进行深度解析。在"设计过程"的沉浸式学习体验中，逐步形成正确的设计角色意识。

从品牌企业女装设计师到专业教师、从高校课堂到独立工作室、从女装设计专业教学到校企合作的项目研究，不同的身份与工作经历使笔者收获了许多宝贵的经验，笔者愿意将这些设计经验与心得分享给大家。

这是一个创意无处不在的时代，让我们拥有"向上行走的力量"。

感谢本书的参与人员侯金玥、周怡江、冯燕、李青、赖蒂、徐俊梅，感谢合作单位成都桐语服装设计工作室、四川省木由忆服饰有限公司。

由于笔者水平与能力的局限，本书的撰写难免存在疏漏之处，敬请广大读者批评指正，谢谢！

刘峰

2025年1月

教学内容及课时安排

模块（课时）	章（课时）	课程性质（课时）	节	课程内容
模块一 设计准备 （16课时）	第一章 （4课时）	基础理论与 分类设计训练 （34课时）		● 效果图人体动态与人物形象设计
			一	效果图女性人体比例
			二	效果图女性人体绘制方法
			三	常用效果图女性人体动态
			四	人物形象设计
	第二章 （2课时）			● 流行信息的收集与设计调研
			一	流行信息的收集渠道
			二	设计调研
	第三章 （4课时）			● 设计灵感
			一	获取设计灵感
			二	设计灵感的拓展与聚焦
			三	制作灵感板
	第四章 （4课时）			● 设计元素的运用
			一	设计元素
			二	案例分析
	第五章 （2课时）			● 设计流程
			一	制订设计策略
			二	制订设计方案
			三	设计具体款式
			四	制作样衣与审核
模块二 廓型与局部 造型设计 （18课时）	第六章 （4课时）			● 廓型设计
			一	廓型的形成因素
			二	影响服装廓型的主要部位
			三	廓型的分类
			四	廓型的设计方法
	第七章 （12课时）			● 局部造型设计
			一	领子造型设计与案例分析
			二	袖子造型设计与案例分析
			三	下摆造型设计与案例分析
			四	门襟造型设计与案例分析
			五	后背造型设计与案例分析

续表

模块（课时）	章（课时）	课程性质（课时）	节	课程内容
模块二 廓型与局部 造型设计 （18课时）	第七章 （12课时）	基础理论与 分类设计训练 （34课时）	六	胸部造型设计与案例分析
			七	腰部造型设计与案例分析
	第八章 （2课时）			● 服装风格与表现载体
			一	服装风格
			二	表现载体
模块三 单品与系列 设计（20课时）	第九章 （12课时）	专业设计与实训 （68课时）		● 单品设计
			一	单品设计的方法
			二	女裙设计
			三	女衬衫设计
			四	女外套设计
			五	女裤设计
	第十章 （8课时）			● 系列设计
			一	什么是系列设计
			二	设计定位的内容
			三	如何描述设计说明
			四	绘制设计草图
			五	单品的筛选与优化
			六	系列设计的平面表现
			七	系列设计的立体表现
模块四 实训案例 （48课时）	第十一章 （16课时）			● 中国传统风格系列设计
			一	案例一"青绿江南"
			二	案例二"月下蹄莲"
	第十二章 （16课时）			● 都市风格系列设计
			一	案例一"爱"
			二	案例二"品尚"
	第十三章 （16课时）			● 个性风格系列设计
			一	案例一"04"
			二	案例二"我"

注　各院校可根据自身的教学特色和教学计划对课程时数进行调整。

目 录

| Contents |

模块一 | 设计准备

模块二 | 廓型与局部造型设计

模块三 ｜ 单品与系列设计

模块四 ｜ 实训案例

附录 ｜"木由忆"品牌春夏系列产品设计方案

模块一

设计准备

01

女装设计师的主要工作内容是运用艺术化的形象思维，借助艺术设计的表现形式，确认服装的造型、色彩、面料等设计方案，提供具体的服装样式。

在进入正式的设计之前，设计师需要做好充足的准备工作。

第一章

效果图人体动态与人物形象设计

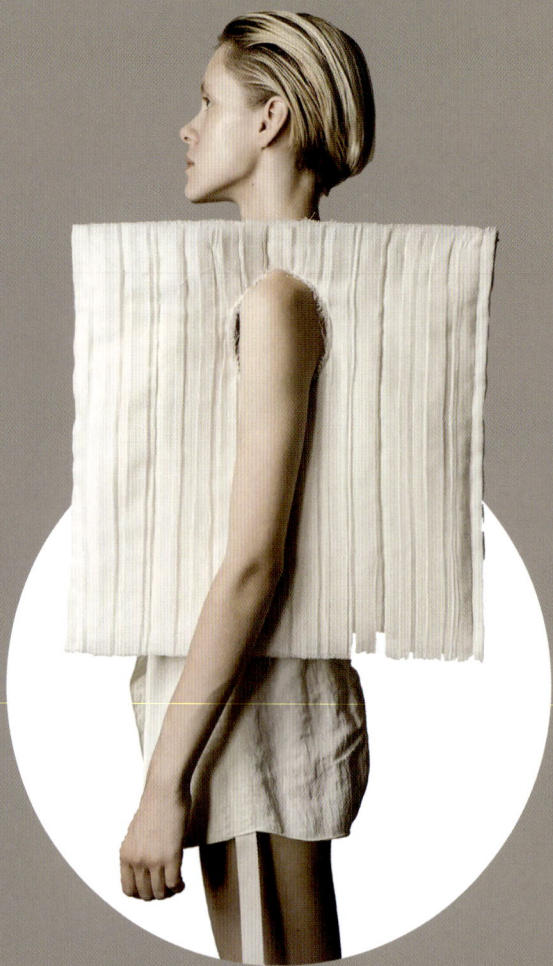

课题名称：效果图人体动态与人物形象设计

课题内容：1.效果图女性人体比例

    2.效果图女性人体绘制方法

    3.常用效果图女性人体动态

    4.人物形象设计

课题时间：4课时

教学目的：使学生熟练掌握效果图女性人体的正确比例与绘制方法，根据服装风格选用适合的人体动态，并进行人物形象设计。

教学方式：1.教师演示与课堂训练。

    2.根据女装风格选用适合的效果图人体动态，并完成人物形象设计。

本章重点：1.女性人体绘制方法。

    2.常用人体动态。

为了提高设计效率，设计师在绘制服装设计效果图时，通常需要根据常用的服装风格或类型，提前设计并整理出一些常用的人体动态，方便在绘制设计效果图时直接使用。

一、效果图女性人体比例

绘制服装设计效果图时，女性人体大多采用9头身比例，或者更高的头身比例，风格因人而异，也可以采用低于9头身的比例，可以按照个人习惯和喜好来表现。

本书以1∶9的头身比例绘制效果图女性人体，确定各部分之间的比例关系（图1-1）。

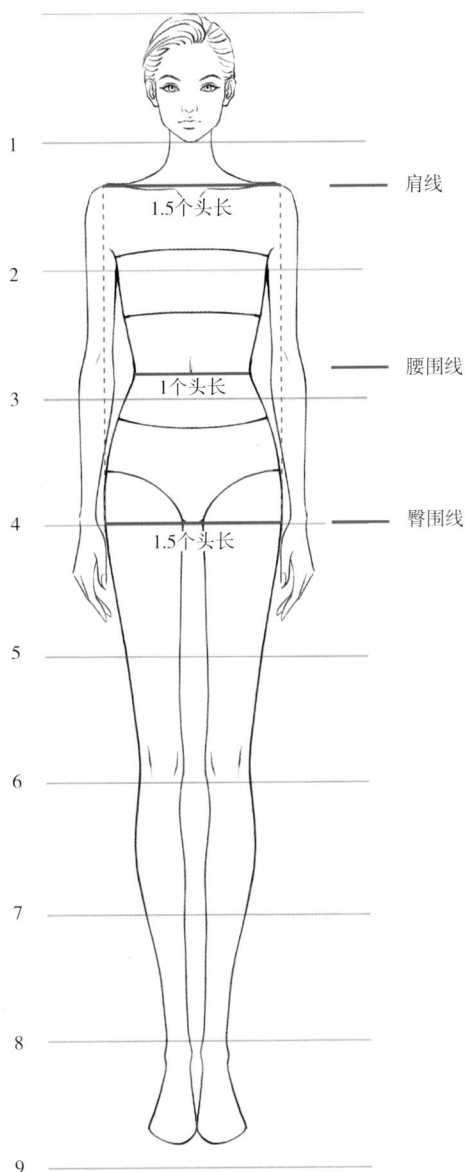

图1-1　效果图女性人体比例

肩宽=1.5个头长，腰宽≤1个头长，臀宽=1.5个头长，手长=脚长=3/4个头长。

肩线在第1线至第2线的1/2处靠上的位置。

腰围线在第3线靠上的位置，肘关节位置在腰围线靠上的位置。

臀围线和腕关节在第4线处，有时为表现腿长，可以将臀围线和腕关节设计在第4线靠上的位置。

膝盖在第6线靠上的位置，小腿肚位置在膝盖至脚踝的1/3处。

脚踝在第8线处，有时为表现腿长，可以设计在第8线靠下的位置。

二、效果图女性人体绘制方法

绘制女性人体，通常先确定人体的站立角度、人体重心与比例关系，再逐步丰富人体结构，最后细化人体细节，整理出准确干净的线条。

以女性人体正面站姿、正面走姿、侧面站姿为例。

（一）正面站姿

如图1-2所示，绘制女性人体正面站姿。

（二）正面走姿

如图1-3所示，绘制女性人体正面走姿。

（三）侧面站姿

如图1-4所示，绘制女性人体侧面站姿。

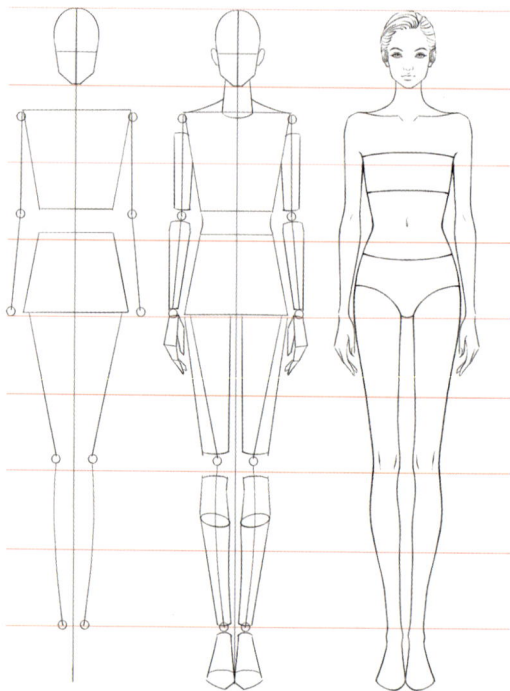

图1-2　女性人体正面站姿的绘制步骤

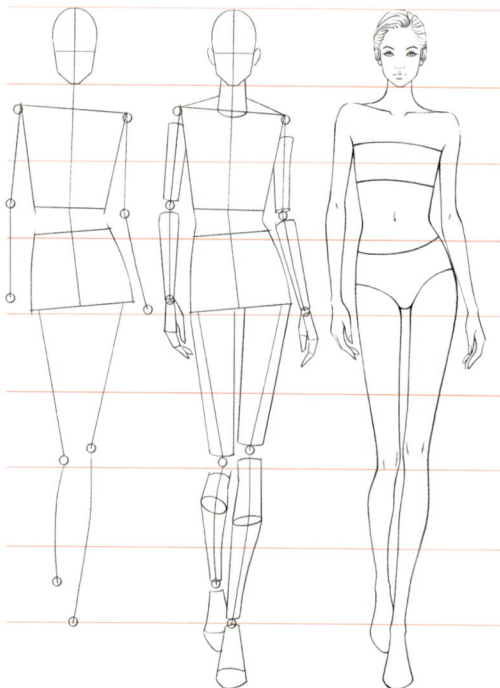

图1-3　女性人体正面走姿的绘制步骤

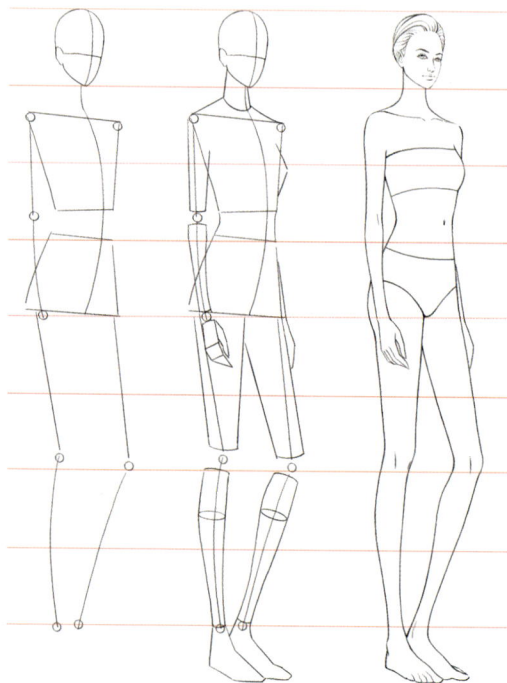

图1-4　女性人体侧面站姿的绘制步骤

三、常用效果图女性人体动态

人体动态设计应该与服装表达的内容和整体风格相匹配。人体动态造型丰富多变，在表现女装设计时，只需掌握一些比较常用的动态造型即可。

按照常见的女装设计风格，将女性人体动态大致分为中国传统风格、都市风格和个性风格三种类型，这里整理了三组人体动态，在绘制对应服装风格效果图时可以参考借鉴（图1-5～图1-7）。

图1-5　绘制中国传统风格服装的参考人体动态

图1-6　绘制都市风格服装的参考人体动态

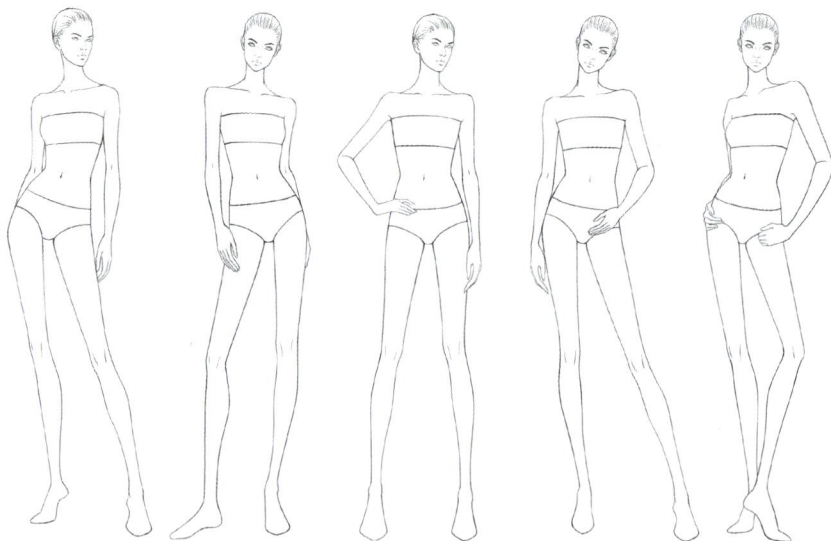

图1-7　绘制个性风格服装的参考人体动态

四、人物形象设计

在绘制女装设计效果图时，人物形象设计非常重要，其内容包括人物的面部与五官神态、手部姿态、发型、配饰等，人物形象设计应与服装设计的整体风格和谐统一，绘制时，可以从表现技法、绘画风格、人物形象风格三个角度入手。

常见的表现技法有水彩写意、工笔重彩、马克笔、平板电脑绘图、电脑数码绘图等。

常见的绘画风格有表现写实、抽象、夸张、省略、装饰等。

按照常见的女装设计风格，将女性人物形象大致归纳为中国传统风格、都市风格、个性风格三种。

（一）适合中国传统风格服装的人物形象设计

近年来，许多以中华文化传承为指向、以国风为焦点的设计将"中国风"推向热点。富有中国文化特色的设计不仅能够唤醒中华民族文化自信和爱国情愫，更是实现了中国文化、流行文化和现代时尚的有机融合，逐渐成为国际时尚的一种文化现象。

无论是民族特色还是汉服元素，国风服装体现了中国独有的审美特征与文化品位，国风人物形象设计应自然巧妙地融入中国元素，刻画出人物温婉含蓄、秀美灵动的神韵与气质（图1-8）。

图1-8　适合中国传统风格服装的人物形象设计

（二）适合都市风格服装的人物形象设计

从表现都市女性不同的精神面貌出发，都市丽人类型的服装展现出或简洁干练、或文艺清新、或休闲时尚的特点，诠释出不同职业、不同穿着场合、不同个性与气质的都市女性形象。在表现都市丽人类型的人物形象时，可以运用现代时尚的流行元素，结合服装设计的整体风格来设计（图1-9）。

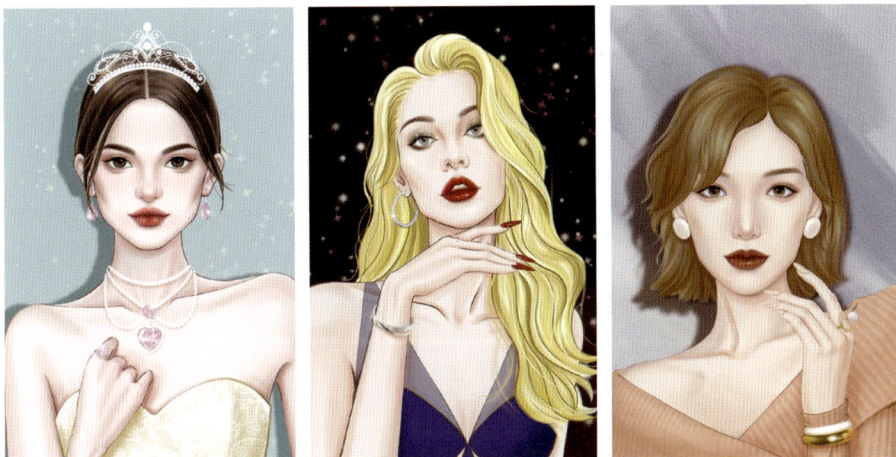

图1-9　适合都市风格服装的人物形象设计

（三）适合个性风格服装的人物形象设计

在表现个性小众的人物形象设计时，可以适度夸张，妆面立体感强，发型、配饰与服装共同表达出整体设计的创意主题（图1-10）。

图1-10　适合个性风格服装的人物形象设计

第二章 流行信息的收集与设计调研

课题名称：流行信息的收集与设计调研

课题内容：1.流行信息的收集渠道
　　　　　 2.设计调研

课题时间：2课时

教学目的：在设计正式开始之前，使学生了解收集流行信息的主要渠道与调研方
　　　　　 法，并能根据现有设计任务与条件，对各类信息进行整理，初步制订
　　　　　 设计调研方案。

教学方式：对知识点系统归纳，进行理论教学与分组调研活动。

本章重点：流行信息的收集渠道。

一、流行信息的收集渠道

在开始正式的设计之前，设计师需要对当下的流行趋势进行系统调研，以便于全面地了解市场情况，尽可能地满足消费者需求。每一个季度的流行趋势不是由国际品牌凭借主观意识所创造出来的，而是由当下的社会、政治、经济、文化以及消费者的需求等因素综合决定的，流行信息的收集主要源自以下三个核心渠道。

（一）权威流行咨询机构

一般来讲，行业相关的咨询公司会对每个季度的服装原材料供给情况、行业市场的变化和全球消费态度等要素进行数据采集、整理与分析，最终以行业报告的形式发布。这些报告中会有本季度主要流行趋势的定义概念和内容剖析，这些信息对于服装设计的开发意义重大。

时尚咨询机构WGSN联合品牌发布年度材料趋势白皮书。白皮书中对时尚消费市场情况进行了整体说明，并基于整体情况提出重要的消费需求，从服装材料的角度对流行材料进行预测和建议，以供品牌商业决策参考（图2-1）。

图2-1 材料趋势白皮书

全球范围内有许多流行咨询的公司与机构，如潘通、WWD、蝶讯等（表2-1）。

表2-1 流行趋势机构

名称	创立时间（年）
潘通	1963
WWD	1910

续表

名称	创立时间（年）
蝶讯	1995
WGSN	1998
穿针引线	2001
Vouge Business	2019

（二）四大国际时装周

相较于行业咨询公司发布的资讯报告，时装周的流行发布能让设计师更为直观地看到流行趋势在时装商品上的表现，也是设计师获取设计灵感的重要渠道。

四大国际时装周每年两次的时装发布会也是季节性流行信息的重要来源，代表了不同视域下的服装流行趋势（表2-2）。

表2-2 四大国际时装周

名称	创立时间（年）	简介
法国巴黎时装周	1973	位居四大时装周之首，以全球性的视野与包容的态度著称，是拥有高定业务品牌的竞技主场
意大利米兰时装周	1958	充满了意大利文艺复兴的文化底蕴，凭借独树一帜的风格在欧洲市场占据重要位置
美国纽约时装周	1943	以实用主义风格为主导，充分整合了业内的设计与媒体力量，拥有极高的商业曝光量
英国伦敦时装周	1984	追求新锐前沿的概念性设计，深受年轻设计师喜爱，与设计院校合作紧密，为业界输送新鲜血液

1.法国巴黎时装周

巴黎时装周的创立之初以奢华风格为基础，满足了贵族的服装需求，不对外开放，并形成了巴黎时装周特有的时髦腔调。随着时装成衣化的趋势，巴黎时装周逐渐面向大众市场。作为全球众多奢侈品牌的发源地，巴黎时装周拥有众多老牌时装品牌，即使在战争期间也未停止举办，从这里发出的信息是国际流行趋势的风向标，不但引领了法国纺织服装产业的走向，而且影响着国际时装的风潮。

例如，在2023年春夏巴黎时装周期间，品牌爱马仕（Hermès）的系列设计倡导回归自然，以沙丘为灵感为消费者打造了一场沙漠狂欢。设计师采用了富有层次的大地色系以及大量的户外元素，将流行的机能风格与品牌的优雅风格进行混搭，塑造出有态度、有力量的新时代女性风格（图2-2）。

2.意大利米兰时装周

米兰时装周充满了艺术与摩登的气息。米兰时装周凭借深厚的文化底蕴和良好的商业环境，吸引了大量的设计师品牌，如大家熟悉的Gucci、Prada、Giorgio Armani等大牌都聚集在米兰时装周。同时，多所时装学院和艺术学院的聚集也为时装周输送了众多青年设计力量，使得米兰时装周吸引了全球时尚界人士和专业买手，故被喻为世界时装设计和消费的"晴雨表"。

品牌乔治·阿玛尼（Giorgio Armani）在2023年的春夏系列设计中，设计师从库尔塔和旗袍等各种服装中汲取灵感，采用了珠饰连衣裙、亮片上衣、缎面连衣裙、真丝衬衫等单品，配合精良的剪裁，为大家带来了一次跨文化之旅（图2-3）。

图2-2 品牌Hermès 2023年春夏巴黎时装周

图2-3 品牌Giorgio Armani 2023年春夏米兰时装周

3.美国纽约时装周

纽约时装周由美国时装设计师协会的创始人之一爱莲娜·兰伯特（Eleanor Lambert）创办，当时称为时装媒体周（Press Week），通过积极邀请媒体报道，迅速提升了纽约时装周在全球的影响力。随着纽约时装周热度的上升，露丝·芬利（Ruth Finley）为纽约时装周制作了第一份"时尚日程表"，这一日程表可以确保设计师们的展出时间不会发生冲突，也可以让观众提前了解自己想看的秀的时间。纽约时装周最大的特点就是实用自然主义，倡导即买即用的消费态度。Michael Kors、J.Crew、Theory都是来自纽约的代表品牌，大多因为其实实在在地解决了消费者的穿搭问题而深受市场喜爱。

品牌迈克高仕（Michael Kors）在2020年的秋冬系列中，运用格纹、斗篷、皮革和毛呢等元素，色彩上以秋冬暖橘调为主，表现出都市人对田野乡间生活的向往，体现了现代人游走于都市与乡村之间的乐观心境，整个系列让人觉得既接地气，又有诗与远方的浪漫（图2-4）。

4.英国伦敦时装周

伦敦时装周由英国时尚协会创办，并于1984年举办了伦敦的第一场时装周。伦敦时装周在行业内以另类的服装设计概念和包容的先锋态度而独具特色，加之时尚界最著名的设计师摇篮之一中央圣马丁（Central Saint Martin）艺术与设计学院的加持，伦敦时装周也被看作行业设计新生力量的孵化器。毕业于中央圣马丁艺术与设计学院的约翰·加利亚诺（John Galliano）、亚历山大·麦昆（Alexander McQueen）以及当今青年设计师如加雷斯·普（Gareth Pugh）、玛丽·卡特兰佐（Mary Katrantzou）等，他们的作品都会通过伦敦时装周公开展示。

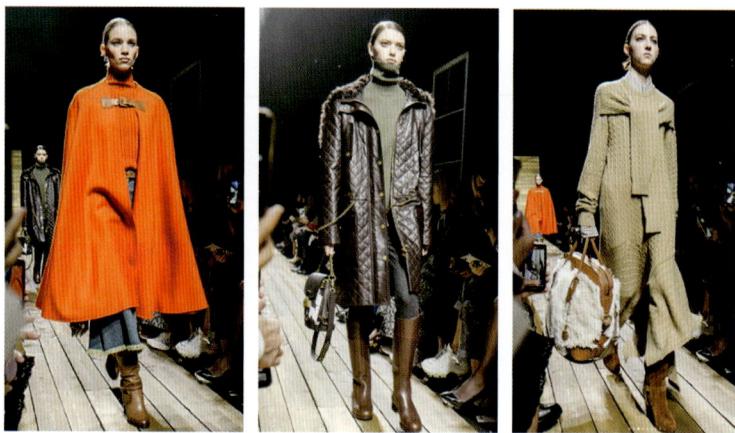

图2-4　品牌 Michael Kors 2020年秋冬纽约时装周

西蒙娜·罗莎（Simone Rocha）的同名品牌在2023年的春夏系列作品中，呈现出标志性的少女风格通过蓬松的绉纱蛋糕裙、碎花、刺绣、褶皱和蕾丝等元素，结合运动风格中常见的抽绳和绑带，极具先锋性与探索性（图2-5）。

图2-5　品牌Simone Rocha 2023年春夏伦敦时装周

（三）新媒体

信息的传播与传播渠道有着密不可分的关系。随着全渠道时代的到来，流行趋势的传播方式发生了裂变，以权威咨询机构和四大国际时装周为代表的国际性流行趋势对消费市场的影响力正在下降。各类新媒体平台将传统的权威流行趋势分散为更多元的流行趋势，这也意味着设计师仅仅依靠权威咨询机构和四大国际时装周两类渠道获取流行信息是不够的，还应该关注更多的渠道，了解更全面的流行信息，才能更好地应对全渠道下的消费市场（图2-6）。

图2-6　各类新媒体渠道

二、设计调研

设计调研是整个设计方案的基础，在了解了流行信息的收集渠道后，设计师需要根据调研目的有针对性地选择调研方法，从而保证设计调研的有序开展。

（一）设计调研的类型

设计调研可以概括为定性调研和定量调研两种类型，每种类型包含了多种具体的研究方法，它们各自适用于不同的研究目的和场景（图2-7）。

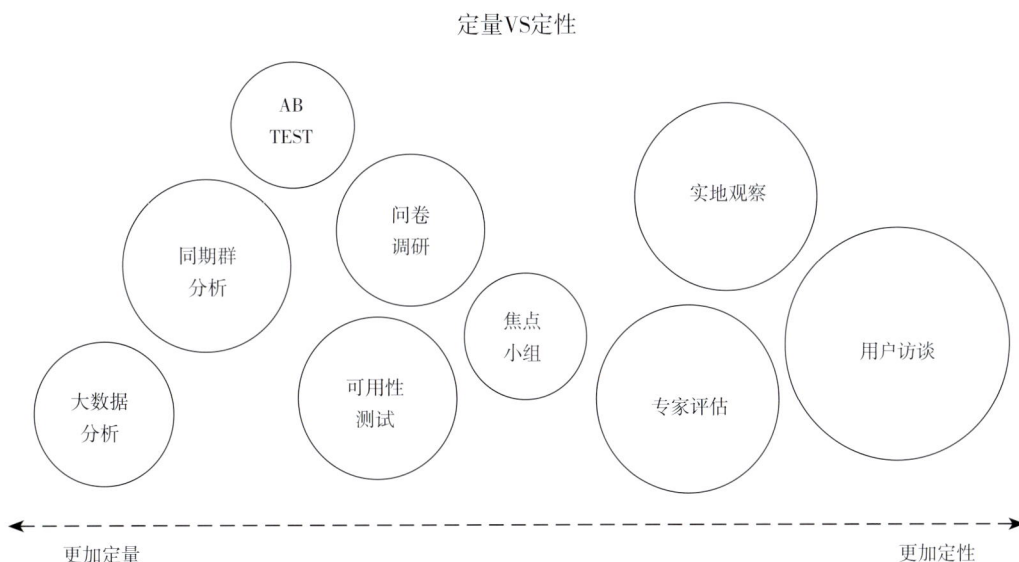

图2-7 定性调研与定量调研

1.定性调研

定性调研是建立一套概念系统，借助理论范式进行逻辑推演，据此解释假设的命题，最后得出理论性结论。定性调研因其丰富的细节描述和深度分析，能够激发出深刻的设计洞察，但是定性调研有时也因为过分关注细节而显得不够系统化或缺乏代表性。

2.定量调研

定量调研旨在实现既定的研究目标，通过精心设计的计划，全面或较为全面地搜集与研究对象相关的各种数据和信息。总体来说，定量调研因为有数据支撑，所以更加的理性、精准，但同时也缺乏调研细节。

（二）调研方法

1.网络调研法

通过互联网渠道对信息和数据进行采集，在短时间内快速收集较为系统的调研信息。

网络调研主要是对于二手资料的分析，比收集一手资料更加高效、方便，有助于明确探索性调研中的研究主题，同时部分二手资料还可以为我们提供一些解决问题的参考方法。但缺点是二手资料的信息可能缺乏准确性和完整性，时效性也相对较差。

常见的二手资料获取渠道包括图书、期刊、资讯报告、（品牌、公司、媒体的）内部信息、权威网络平台资讯等，行业咨询机构也是二手资料获取渠道之一（图2-8）。

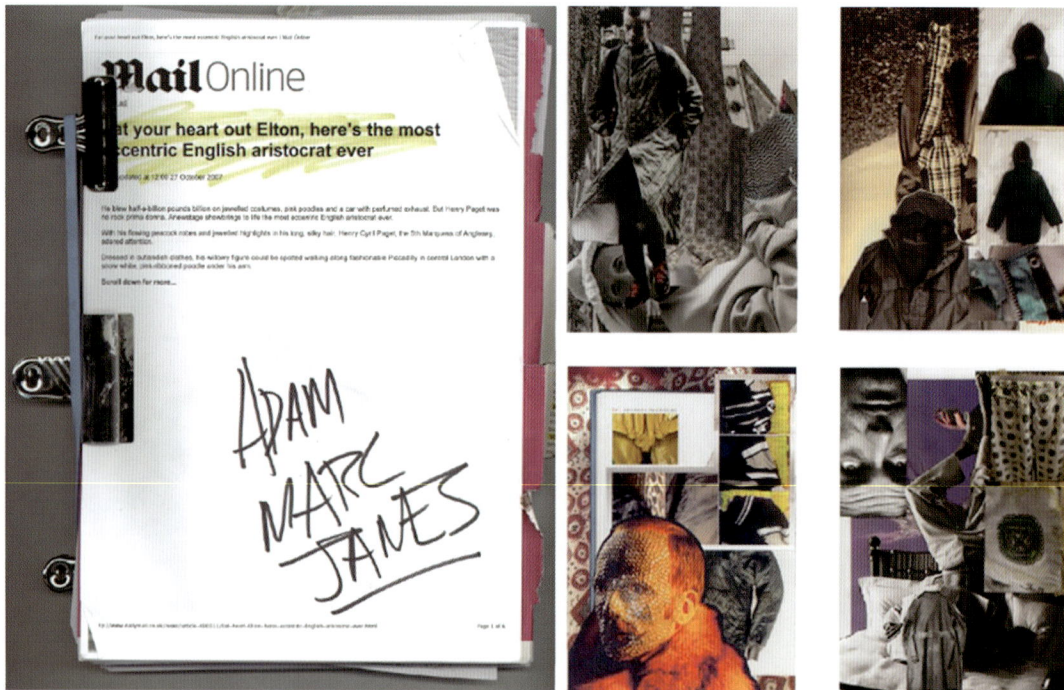

图2-8　网络调研资料

2.实地调研法

网络调研会存在信息不准确、时效性较差等问题，设计师也无法很好地与市场和消费者共情。在设计前期，通过调查问卷、访谈等形式，进入情景的实地调研往往能帮助设计师看到更多的信息与细节，可以帮助设计师获得原始资料。

实地调研法适合服装品牌或设计师对特定的样本进行调研，对比样本特征与国际流行趋势之间的差异，这对设计具有启示作用（图2-9）。

图2-9　实地调研

第三章

设计灵感

课题名称：设计灵感

课题内容：1.获取设计灵感

2.设计灵感的拓展与聚焦

3.制作灵感板

课题时间：4课时

教学目的：了解获取设计灵感的方法，运用正确的思维方式对设计灵感进行拓展

与聚焦，掌握灵感板的制作方法。

教学方式：启发式教学与课堂训练。

本章重点：制作灵感板。

一、获取设计灵感

设计思维的前提是获取设计灵感。

我们可以从大自然中汲取新鲜灵感，提炼出新图案、新颜色、新质感的创意；可以从建筑艺术中汲取灵感，将各种空间关系与结构线条的构成形式进行联想，发现可以与人体结合的各种可能性；也可以从文学、时政、绘画、哲学、宗教中汲取灵感，从新的角度去认识、发现、传承与创新，拓展出独具特色的新视野。

著名时装品牌创始人伊夫·圣罗兰（Yves Saint Laurent）借鉴了蒙德里安的平面构成主义，以此作为设计灵感创造了圣罗兰经典的蒙德里安裙，时髦、硬朗的A字裙样式，剪裁线条十分简洁利落，具有很强的构成感（图3-1）。

二、设计灵感的拓展与聚焦

设计师在创作过程中，需要运用两种关键的思维方式：发散思维和收敛思维。发散思维适用于解决问题的初期阶段，通过探索多种可能性来发现或寻找问题产生的根源。收敛思维则在设计决策阶段发挥作用，在诸多选项中做出精准的选择，帮助设计师聚焦核心要素。在设计实践中，这两种思维方式可以被理解为是对设计灵感的拓展与聚焦（图3-2）。

（一）运用发散思维拓展设计灵感

设计师需要根据已有的设计灵感，通过查阅资料、实地走访、草图速写等方法，对设计灵感进行深入研究与发散，继续衍生出新的设计理念，拓宽创意的边界。

如图3-3所示，设计师从极其醒目的公路标识受到启发，由路标图案联想到有态度、有观点的先锋意识，并拓展到了青年人热爱的俱乐部文化，由此尝试将俱乐部带有数字元素的海报和马路标识系统进行融合。

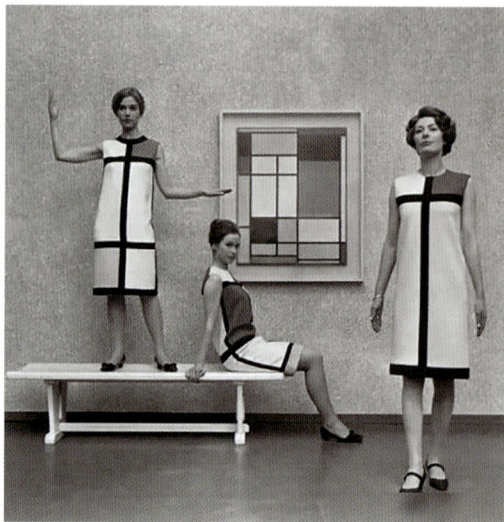

图3-1　蒙德里安裙

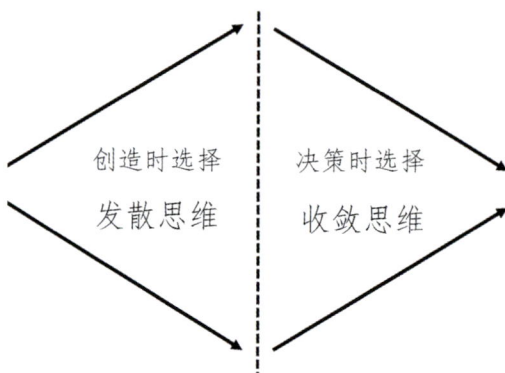

图3-2　发散思维和收敛思维

图3-3　运用发散思维拓展设计灵感

（二）运用收敛思维聚焦设计灵感

在设计师对设计灵感进行充分的拓展与发散后，便进入收敛思维阶段，即通过精准、简短的关键词确定设计主题。

设计主题是推动产品设计的核心，可以通过草图、图像和书面陈述集合的形式来进行解释，通常设计师需要在流行趋势和个人兴趣之间平衡设计主题的定位。

如图3-4所示，设计师通过发散思维确定设计主题，把各种设计元素集中，从众多的标识中，聚焦在线条状的标识和拼块状的石板上，由抽象转化为更为具象的内容，接下来的设计将由此逐步展开。

图3-4　运用收敛思维聚焦设计灵感

三、制作灵感板

表达设计灵感通常从制作灵感板开始。制作灵感板是服装设计的初期工作，展现的是设计师的创作灵感来源和与主题相关的基础调研工作，一个好的灵感板能为后期的设计开发提供源源不断的新思路，也对下一步的设计工作起到启发与指导的作用。

在制作灵感板的过程中，设计师对设计灵感进行归纳与提炼，运用草图、图像或书面陈述等丰富的形式对设计灵感进行解释，从主题、色彩、面料、造型、装饰与图案等方面，深入设计主题，逐一展开基于设计灵感基础上的设计构想与创作，挖掘能够体现设计主题的设计元素。

常用的灵感板表现形式有艺术拼贴法或手绘等，在实际操作中，设计师也可以结合摄影、综合材料、装置艺术、数字艺术等手法，运用综合的表现形式制作灵感板。

（一）灵感板的表现形式

1.拼贴

（1）平铺式拼贴：将各种元素放在一起，进行有意识地排列、组合，这种表现方式非常适合新手设计师和设计专业的学生，可以保留所有的灵感元素并完整呈现出来，以便于设计灵感的表达（图3-5）。

图3-5　平铺式拼贴

（2）思想大爆炸式拼贴：通过头脑风暴的形式来快速记录灵感，在拼贴的过程中梳理设计思路，从而明确之后的设计路线，设计师可以在头脑风暴的过程中找到感触最强烈的设计联结点，由此延展自己的设计（图3-6）。

图3-6　思想大爆炸式拼贴

（3）超现实主义拼贴：借鉴超现实主义风格将一切看似无联系的元素先进行拆解，再进行组合，通过这种方式寻求突破性的设计表现，特别适合设计师在灵感迸发的时候使用，去突破灵感的边界，从而找到真正的创新设计方向（图3-7）。

图3-7 超现实主义拼贴

2.手绘速写

通过传统美术的形式进行灵感表达，这也是训练设计师设计思维能力的有效手段。目前，随着各类应用软件的普及，一些设计师的手绘能力也随之退步，这对于提高设计能力是不利的。所以我们通常看到大师级的设计师不管如何尝试新颖的高科技表现方式，都还会保留手绘速写灵感的表达方式，作为学院派的学生来讲，手绘速写是必须掌握的表达方式（图3-8）。

图3-8 手绘速写

3.综合材料表现

通过多样化的表现形式制作灵感板，通常会运用到不同质地的纺织与非纺织材料，打造出丰富的肌理感，通过材料的质感调动设计师的艺术感知，使主体更为突出（图3-9）。

图3-9 综合材料表现

（二）案例分析

以《深海梦境》为设计主题，展示从设计灵感关键词的思维发散与分类处理到图像素材的收集、筛选与加工，以及设计灵感板排版与美化的创作过程。

1.灵感关键词的思维发散

通过头脑风暴对设计灵感进行思维发散。关于"深海"主题，会让设计师联想到"海洋""神秘""自然"三组关键词，根据每个关键词进行二次思维发散，将《深海梦境》主题拆解为多个灵感关键词（图3-10）。

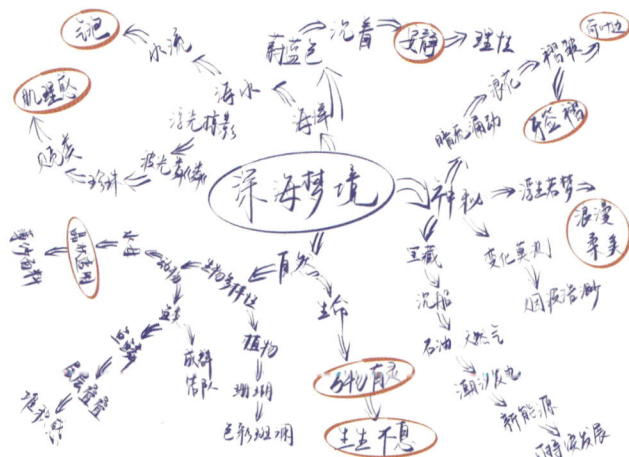

图3-10   灵感关键词的思维发散

2.灵感关键词的分类处理

选择最有设计冲动的关键词，将用于表现关键词的图像素材与拼贴氛围进行分类处理（图3-11）。

图3-11   灵感关键词的分类处理

3.收集图像素材

基于头脑风暴的结果，多渠道深度检索，对相关的图像素材进行收集，力求素材图片多而全，一定要这样才能得到更具启发性和特殊性的图像素材（图3-12）。

图3-12   收集图像素材

4.图像素材的筛选与加工

根据灵感板设定的气氛进行素材的筛选，并将筛选出的素材集中放置于一张灵感板中。灵感板既可以采用纸质形式，也可以用电脑软件辅助完成（图3-13）。

图3-13　图像素材的筛选与加工

5.排版与美化

通过剪切、渲染、模糊、变色等多种图像处理手法，将素材图片在灵感板上进行排版与美化处理，并添加相应的文字内容（图3-14）。

图3-14　排版与美化

第四章　设计元素的运用

课题名称：设计元素的运用

课题内容：1.设计元素
2.案例分析

课题时间：4课时

教学目的：了解核心设计元素的构成，在实际设计运用中，掌握选择与提炼不同设计元素的思路和方法。

教学方式：归纳整理知识点，通过对设计案例的过程分析，帮助学生在实际的设计过程中对设计元素进行创新与重组，掌握设计元素选择与提炼的方法，形成全新的设计结果。

本章重点：掌握设计元素选择与提炼的方法。

一、设计元素

当设计师制作完成灵感板之后，便需要将灵感板中抽象的、概念化的想法转化为可以用于服装设计中的相对具体的表现方式，即设计元素，它是构成完整服装形象的所有元素的集合体。

（一）核心设计元素的构成

核心设计元素通常包含造型、色彩、材料、图案、装饰工艺等构成服装产品的核心内容（图4-1）。

色彩　　　　　　　图案

材料　　　　装饰工艺　　　　造型

图4-1　核心设计元素

（二）设计元素的选择与提炼

一种设计元素往往以交叉或并列的方式存在于不同的设计元素集合中，设计师需要对不同的设计元素进行创新与重组，形成全新的设计结果。

只有当设计元素符合设计主题时，才能打动目标受众。设计师需要将灵感板进一步进行视觉化解释与具象化，按照不同设计元素的形式要求，分别将灵感板的内容进行逐一拆解，从而延伸出不同维度的设计元素集合，这个过程也是设计概念的可视化过程。

设计元素的选择与提炼发生于主题概念发展的阶段，此阶段的目标并不是要确定最终合适的设计元素，而是通过形式丰富的设计元素去探索设计最大的可能性。

二、案例分析

以造型和图案元素为例，以下通过具体的设计案例来理解设计师根据设计主题，对设计元素进行提炼与运用的过程。

（一）造型元素的提炼与运用

1.造型元素的提炼

如图4-2所示，设计师以折扇的"形与意"为灵感展开联想，根据其外在的造型特征，提炼出扇形、折叠、层次变化等造型元素，将西式裁剪与古风造型结合，通过折、卷、翻等手法，形成服装造型的层次设计与多变空间，采用暗花真丝织锦与欧根纱面料，将中国红作为色彩基调，既高贵华丽，又低调内敛。

图4-2　造型元素的提炼

2.造型元素的设计与运用

将交领、圆摆、袍袖等汉服元素与西式立体的裁剪方式相结合，将折扇外形进行抽象与变形，通过领子、门襟、下摆等局部造型的相互穿插与组合，设计造型线条的运动轨迹从单一的二维平面向三维空间变化，使造型元素形成大小、内外与虚实的空间关系，构成层次丰富的视觉效果（图4-3）。

图4-3　造型元素的设计与应用

　　设计师通过驳领向下延伸的连裁设计，运用卷折、褶裥等造型手法，在前片腰部形成以扇形变化为主要特征的立体设计，此为系列设计中突出创意主题的造型焦点。利用褶省、折叠与加量起浪的造型手法，形成多变袖体与腰部的局部造型的内部空间，呈现出向外延展的立体造型，外形线舒展流畅，驳领与下摆边缘线不规则的曲线变化，强调了整体的层次设计（图4-4）。

图4-4　造型元素的细节体现

（二）图案元素的提炼与运用

　　如果说服装色彩是人们对服装外形的第一印象，服装面料是主导服装风格的重要物质载体，服饰图案则是附着在服装面料上的装饰艺术。作为一种艺术形式与文化符号，服饰图案以丰富的色彩表现力与构成形式，展现了人们丰富的生活内容，同时也传递了一份情愫与人文精神，赋予设计作品一定的艺术与审美价值。

1.图案元素的提炼

　　如图4-5所示，设计师先从"对鱼"风筝中提炼出抽象的图案形状，将图案进行"简化"形成单元图案，再将单元图案打散重构，最后加上KITE的字母纹样，使传统图案时尚化。新的"对鱼"图案没有了传统风筝图案的影子，整体风格发生了改变，但以"鱼形"为主体骨架的图案构成方式不变，可作为单独纹样或四方连续纹样用于女装设计中。

图4-5　图案元素的提炼

2.图案元素的设计与运用

　　如图4-6所示，设计师将"对鱼"图案进行发散联想与拓展设计，融入燕子风筝的形态，以四方连续的图案构成形式进行排列组合，在米白色真丝面料上进行图案印染，适用于宽松简洁的女装造型。

图4-6   图案元素的设计与运用（案例一）

如图4-7所示，服装造型采用宽松大廓型的流线型设计。以白色为主、红色为辅的色彩搭配，提取中国汉族民间古老传统艺术——皮影戏人物的头像局部，图案设计去繁从简；二次加工，采用镂空工艺，再结合中国传统手工艺"剪纸"的艺术形式，以线条来表现人物图案，细腻生动，异趣横生。

图4-7   图案元素的设计与运用（案例二）

第五章

设计流程

课题名称：设计流程

课题内容：1.制订设计策略

　　　　　2.制订设计方案

　　　　　3.设计具体款式

　　　　　4.制作样衣与审核

课题时间：2课时

教学目的：了解产品设计的主要流程。

教学方式：系统归纳的理论教学，结合对不同企业实际情况的分析加深学生对设计流程的理解。

本章重点：产品设计的主要流程与具体内容。

企业的组织形式与规模大小不同，设计流程也有所不同。以四川省木由忆服饰有限公司为例，展示了其产品设计的基本流程（图5-1）。

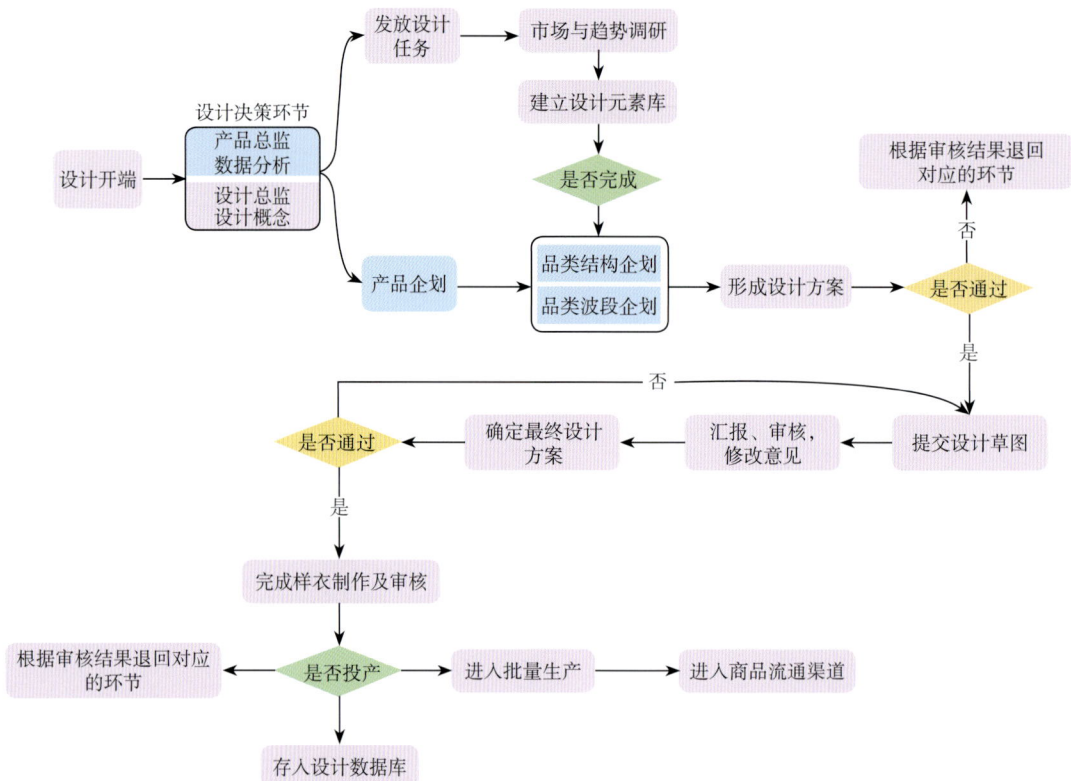

图5-1　设计流程图

我们将设计的主要流程概括为制订设计策略、制订设计方案、设计具体款式和制作样衣与审核四大环节。

一、制订设计策略

设计开始之前，设计总监和产品总监将会共同制订设计策略，企业认为在双方信息整合下而制订的设计策略是最优策略。一般设计总监主要基于流行趋势和美学理念提出设计构想，产品总监主要基于消费趋势和市场数据对设计提出建议，设计总监和产品总监两个角色分别代表了从设计出发和从市场出发的两种开发视角。

二、制订设计方案

在确定了设计的整体策略后，设计部会根据设计任务，对市场和流行趋势进行调研，并建立对应的设计元素库；产品部则会结合企业历史销售数据，进行产品结构和产品波段的设计，以此作为构建设计方案的依据。两者相结合，就可以得到第一版的设计方案，公司会对其进行审核，如果审核通过，设计方案将顺利进入接下来的环节，不通过则会根据审核情况退回到对应的环节再做修改。

　　设计方案是设计工作的重点内容，是完成设计任务策划和指导设计团队完成设计任务的行动指南。以四川省木由忆服饰有限公司旗下的"木由忆"品牌为例，完整的设计方案通常包括设计进度表、波段品类企划、设计预算表、系列主题企划、灵感方案、配色方案、面料&工艺方案、款式图、效果图等，不同的设计组织可以根据设计任务的实际情况进行增减。

三、设计具体款式

　　设计方案通过后，设计师便会开始绘制款式图、效果图和工艺细节图等，通过汇报、审核、修改过程，形成最终的设计方案。公司会对设计方案进行审核，根据设计稿是否达到样衣制作的要求进行评判，如果审核通过，设计方案将顺利进入样衣制作的环节，不通过则会返回设计草图环节进行修改和调整。

四、制作样衣与审核

　　完成了样衣的制作和审核后，企业会综合考虑是马上投入批量生产，还是等到合适的销售时机再投放量产，如果样衣效果不尽如人意，则会被退回到对应的环节再次进行调整。

模块二 02

廓型与
局部
造型设计

服装造型是服装构成中最主要、最基本的要素，也最能反映服装的本质特征，主要包括服装具体的款型设计以及着装后的总体形象设计。款型设计，即服装的具体款式设计，包括服装廓型设计与局部造型设计两个主要内容。

服装廓型是整个服装外部造型的大致轮廓，是服装设计的骨架，它进入我们视觉的速度和强度高于服装局部细节。服装的局部造型设计是针对服装细节的设计，好的局部造型，往往会成为服装设计的视觉焦点。

第六章

廓型设计

课题名称：廓型设计

课题内容：1.廓型的形成因素

2.影响服装廓型的主要部位

3.廓型的分类

4.廓型的设计方法

课题时间：4课时

教学目的：使学生能够从风格、体积、体型与对比等角度，了解廓型形成的因素，以及在实际设计中的运用方式，了解影响服装廓型的主要部位，掌握廓型的分类方法与内容，在实际的设计过程中，掌握廓型设计的方法。

教学方式：理论教学与课堂训练。

本章重点：1.影响服装廓型的主要部位。

2.廓型的设计方法。

廓型，指服装的外形轮廓的边界线，它给人以深刻的视觉印象，服装外形轮廓的变化是款式设计的关键，也是服装造型的重要手段。

一、廓型的形成因素

（一）风格

服装外轮廓是时代风貌的直接体现，服装廓型的背后隐含着与时代特点相对应的风格倾向。

第二次世界大战结束后，巴黎设计师迪奥（Dior）发布了以自然肩形、丰胸、细腰、圆臀为特点的"新风貌"，震撼了整个欧洲，随后他又相继发布了郁金香型、H型、A型、Y型和梯形造型等，带来了19世纪最轰动的时装变革，从此迪奥成为时装界的领袖人物（图6–1）。

图6–1　迪奥时代的"新风貌"

中国设计师陈鹏的个人品牌ChenPeng在2023年秋冬巴黎时装周发布的全新概念羽绒礼服系列，用现代工艺与传统美学结合新颖的大廓型设计，形成强大的视觉冲击力，展现高级定制的奢华之美（图6–2）。

图6–2　设计师品牌ChenPeng 2023年秋冬系列

（二）体积

服装的体积，表现为在人体上服装材料以不同形式与程度的堆积而占用外在空间的形态与大小。采用不同松量，不同软、硬、垂、挺等物理特征的材料，不同结构与造型的处理方式会形成不同的服装体量感，在视觉效果上，也会相应呈现出不同的廓型特征。

阿尔伯·艾尔巴茨（Alber Elbaz）在其个人品牌AZ Factory 2022年春夏系列中，采用了大量的夸张造型，服装的廓型呈现出丰厚的体积感与空间感，活力张扬、个性时尚（图6-3）。

图6-3　品牌AZ Factory 2022年春夏系列

（三）体型

在进行服装造型设计时，设计师会针对不同个体体型上的差异而扬长避短，为不同体型的穿着者进行设计，服装自然会呈现出不同的廓型特征。

针对因体型不同而引起的服装廓型差异，女演员凯特·哈德森（Kate Hudson）创办的Fabletics 品牌，宣布将服装的码数扩大至XXXL。同年，PUMA品牌与英国零售商ASOS合作，为肥胖人士推出了专门的宽松廓型的大码运动装系列（图6-4）。

图6-4　品牌PUMA 2017年大码运动装系列

（四）对比

廓型最终由服装不同部位的对比而形成，上与下、大与小、长与短、松与紧、直线与曲线等的造型形态对比，形成了服装外在视觉对比效果，这是廓型形成的关键。

Prada品牌2022年秋冬系列，将男装的制服元素与街头风格融入女装系列中，与女性娇小的身体形成鲜明反差，宽阔的肩部、大量直线设计运用于简洁的板型中，使服装廓型呈现出中性硬朗的风格特征（图6-5）。

图6-5　品牌Prada 2022年秋冬系列

二、影响服装廓型的主要部位

（一）肩部

人体肩部是服装的承重部位，而服装肩部是服装廓型设计的重要部位，所以服装肩部造型设计限制较多，如窄肩、宽肩、溜肩、平肩等不同肩形变化均可影响服装的整体廓型。

20世纪80年代初流行的宽肩造型是Armani品牌女装肩部造型的一大突破，这种特别夸张的肩部外形线条给一向优雅秀丽的女装带来了全新的男子气质（图6-6）。

图6-6　品牌Armani女装的宽肩造型

（二）腰部

腰部造型是影响服装廓型的重要因素，可分为束腰和松腰，这两种形式在20世纪的近百年里，经历了反复的交替变化，每次出现都具有鲜明的时代特征，给人以新鲜感。腰部造型也可以体现为高、中、低腰的腰节线位置的变化，腰线高低的不同带来服装上下长度比例上的差异，使整体造型风格呈现丰富的变化。

如图6-7所示，通过一侧腰部局部抽褶工艺，上衣形成束腰的不对称设计，使女装廓型优美自然且个性十足。

图6-7　不对称束腰（中腰）设计

（三）臀部

腰和臀的造型比例直接影响服装的廓型与美感。在进行臀部造型时，应注意服装臀围须满足下肢运动的需要，但有时为了装饰或迎合某种时尚潮流，会对服装臀部造型进行夸张性设计。如出现于文艺复兴时期的西班牙宫廷的裙撑，使欧洲贵妇下半身膨胀化的造型成为定型，这种夸张臀部造型的手法，在19世纪维多利亚时期达到顶峰（图6-8）。

现代的紧身裤，过分包紧臀部，也是针对臀围所做的夸张处理（图6-9）。

图6-8　维多利亚时期的贵族女装

（四）下摆

服装下摆的造型可以有长短变化，迷你裙之母玛丽·奎恩特（Mary Quant）将裙摆剪短至膝盖以上4英寸（1英寸=2.54厘米），开创了服装史上裙摆最短的时代，使20世纪60年代末流行一时的迷你超短裙下摆短到了极点（图6-10）。

下摆造型可以有大与小、宽与窄、对称与不对称的变化，下摆线也可以呈现出直线与曲线、平行与不平行的不同。因此下摆设计能够使服装廓型呈现出多种形态与风格。

图6-9　紧身裤造型

图6-10　20世纪60年代流行的迷你裙

如图6-11所示，裤腿宽大的八分裤，与合体上衣搭配，服装廓型呈现上小下大的整体形态，修饰腿型的同时，调整与美化了上下比例关系。

三、廓型的分类

按照不同的分类方式，服装廓型可以分为不同的类别，如字母型廓型、几何廓型、物象型廓型、对称廓型与不对称廓型等。

（一）字母型廓型

用几何和字母来命名服装廓型的方式，源于法国时装设计大师迪奥，这种方式可以既简单又直观地表达服装廓型的基本特征，常见的基本廓型有H型、A型、T型、O型、X型五种（图6-12）。

图6-11　阔腿裤造型

| H型大衣 | A型冲锋衣 | T型外套 | O型大衣 | X型外套 |

图6-12　字母型廓型

H型，是一种中性化的廓型，削弱了肩、腰、臀之间的宽度差异，具有宽松、简约、穿着舒适的外形特征。

A型，收缩肩部，夸大下摆而形成上小下大的视觉印象，具有稳定、活泼、动感的外形特征。

T型，夸张肩部，收缩下摆，形成上宽下窄的视觉效果，具有硬朗、干练的男性化外形特征。

O型，其造型重点在腰部，通过对腰部的夸大，肩部适体，下摆收紧，结构线以长弧线为主，线条松弛而柔和，呈现圆润饱满的视觉外观。

X型，是最具女性特征的外形线，夸张肩部、收紧腰部、加大下摆，结构线以曲线为主，整体造型具有优美柔和的外形特征。

在这五种基本廓型的基础上，还可以继续拓展出更多的廓型，如上宽下窄的V型，拉长下身的Y型和体现女性柔美曲线的S型等。

（二）几何廓型

如果把服装的廓型线看作直线或曲线的组合形态，任何服装的廓型都可以理解为单个的平面几何图形（如方形、三角形、圆形、梯形等）与立体几何体（如长方体、锥体、球体等）的排列组合。例如巴黎世家设计师尼古拉·盖斯奇埃尔（Nicolas Ghesquière）的作品采用了几何廓型，体现出很强的建筑感和结构意识（图6-13）。

乌克兰设计师伊琳娜（Irina Dzhus）的女装品牌DZHUS在2019年春夏系列中的几何廓型，表现出强烈的结构感、体积感和建筑感（图6-14）。

图6-13　几何廓型

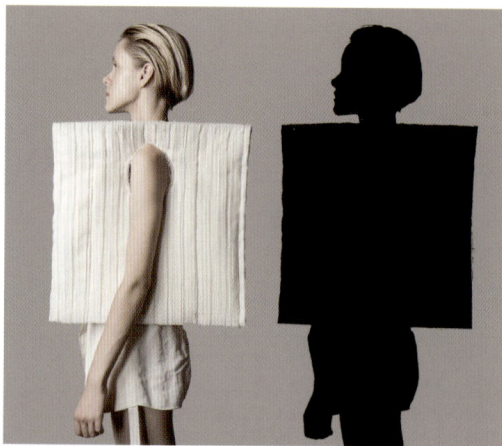

图6-14　设计师品牌DZHUS 2019年
春夏系列

（三）物象型廓型

将大千世界的物体形态，抽象简化为平面剪影，以此描述服装的廓型特征，如喇叭、气泡、郁金香、沙漏、酒瓶、酒杯等（图6-15）。

（四）对称廓型与不对称廓型

基于自然审美的基本原则与功能需求，大多服装采用对称形式来展现服装之美，女装设计中的不对称廓型作为一种独特的设计形式，打破了传统美学均衡与对称的审美规律和刻板印象，使服装的外形产生趣味性与新奇感，也反映出新时代女性追求自由与随意的生活态度（图6-16）。

图6-15　品牌JW Anderson 2022年秋冬
女装酒杯廓型

对称廓型（品牌Dior 2024年秋冬
女装）

不对称廓型（品牌Phuong My
2019年春夏女装）

图6-16　对称廓型与不对称廓型

四、廓型的设计方法

廓型并不是独立存在的，如果改变基本廓型的某一个部位，可能会使一种廓型向另一种廓型发生转变，不同廓型之间如果相互组合变化，便会派生出更多特色各异的廓型。因此，通过控制肩部、胸部、腰部、臀部、下摆等重点部位的局部造型，或调整其松量，使其局部外形发生变化，从而对服装廓型进行灵活设计。

（一）几何位移

将不同大小和形态的基本几何图形（如多边形、圆形等），在人体上进行平面的拼接、重叠或立体构成实验。在这个过程中，不必过于依赖人体本身而被其外形所约束，可以大胆想象，利用平衡、节奏、比例等形式美原理，以人体为依据，进行上、下、左、右的位移，或对几何形进行大小、形态的改变，调整几何形在人体上的排列位置与相互关系，通过组合、位移与变形后，衍生出许多奇妙的服装外形，产生新鲜的视觉效果（图6-17）。

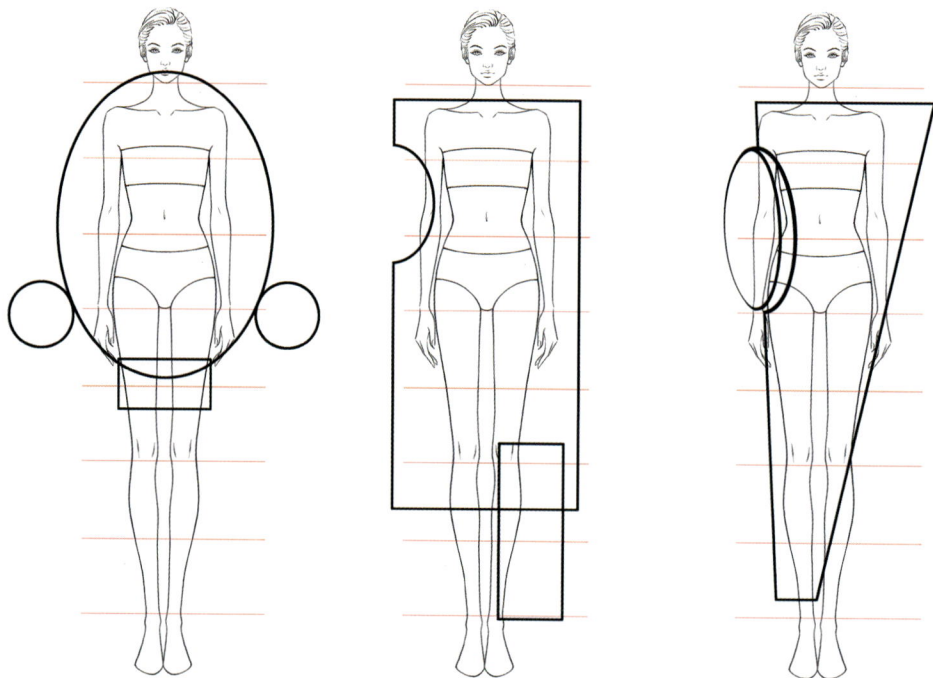

图6-17　几何位移

（二）直接造型

　　面料自身的材质特性对服装廓型的形成会产生很大的影响。在造型设计时，利用不同面料在塑形性、悬垂性、拉伸性等物理特征方面的差异，直接在人体模型上，通过折叠、堆积、穿插、填充、剪切等立体造型手段，进行一种面料的直接造型或多种面料的组合造型，在这个过程中发现廓型设计的各种可能性。

　　如图6-18所示，运用一整块白坯布，于人台上通过立体裁剪进行造型设计的实验，在满足服装基本穿着的基础上，找到面料可以在人体上进行各种可能性的创意塑形。

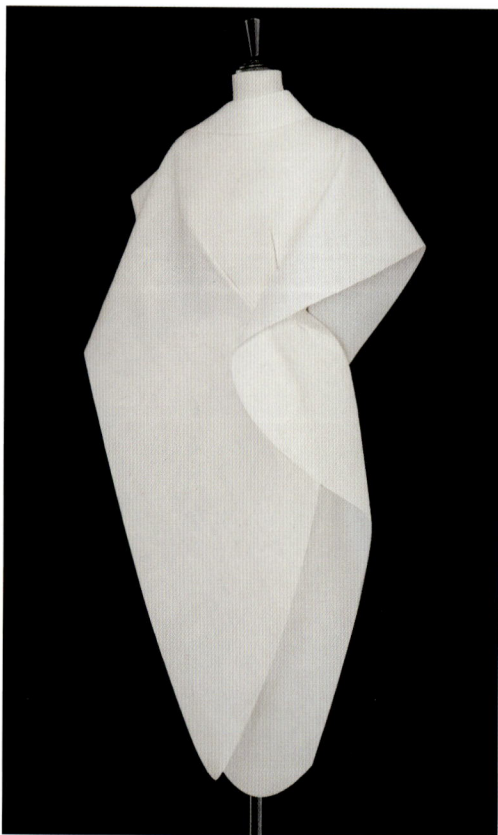

图6-18　直接造型

第七章

局部造型设计

课题名称：局部造型设计

课题内容：1. 领子造型设计与案例分析

2. 袖子造型设计与案例分析

3. 下摆造型设计与案例分析

4 门襟造型设计与案例分析

5. 后背造型设计与案例分析

6. 胸部造型设计与案例分析

7. 腰部造型设计与案例分析

课题时间：12课时

教学目的：通过对设计案例的分析，帮助学生了解女装局部造型的设计思路与过程，掌
握领子、袖子、下摆、门襟、后背、胸部、腰部等局部造型设计的方法。

教学方式：设计案例分析、课堂训练与点评。

本章重点：1.领子造型设计。

2.袖子造型设计。

服装造型设计通常将衣身主体作为主要的关注对象，但服装局部同样是构成服装整体造型的重要部分，甚至会成为表现整体设计风格与特色的视觉焦点。故设计师不能忽视局部造型设计。

局部造型设计主要体现为领子、袖子、下摆、门襟、后背、胸部和腰部的设计。

一、领子造型设计与案例分析

（一）领子的造型分类与设计特点

衣领是在服装造型中最接近头部的，在女装造型中占有主导地位，衣领的造型变化非常丰富，兼具功能性与装饰性。

衣领的造型由领线与领型两个重要因素构成。领子造型设计可以理解为以人体颈部结构为基准，将领线单独变化，或与领型结合变化。

领线是衣领的基础，既可以与领子配合构成衣领，也可以单独成为领型而形成无领结构的衣领设计。根据领线形状的不同，无领造型可分为圆领、方领、V领等，并可在此基础上进行领线的拓展设计，从而形成多种领线形状，也可辅助花边、缉线、镶边等装饰与工艺手法，形成变化丰富的无领造型（图7-1）。

图7-1　领线设计

如果在领线的基础上向上延伸，可设计出连身出领、立领、驳领、翻领、组合领等丰富的衣领造型（图7-2）。

图7-2　领型设计

（二）设计案例分析

通过具体的设计案例，讲解人体结构与服装局部造型的关系，重点对领子局部设计的过程与结果进行分析。

1.无领设计

如图7-3所示，在圆领领线一侧向袖窿方向设计一条分割线，通过断缝设计将前片进行斜向切分，其中的小裁片与后片肩线合并，形成从后向前延伸的过肩结构。先将指向另一侧胸部的全部省量向分割线方向集中，再将省道延长，布料顺着分割线向

图7-3　无领设计（一）

领线方向按顺时针方向轻微旋转，设计出规律的褶裥，并形成领子局部造型的设计焦点。

如图7-4所示，将前片衣身以胸部为中心的全部省量向领口方向进行左右交叉转移，通过整片裁剪与褶省线条的有序排列，在前领线边缘下形成指向胸部的不对称褶省设计，利用前胸省的转移与结构设计，在前领线周围形成层次分明、立体饱满的放射状褶线，成为无领造型的设计焦点。

2.连身出领设计

如图7-5所示，将肩线顺着颈部的立体形态向上延伸，在衣身结构中自然形成立领的造型。立领领线从上至下设计为三段大小不同的弧线，弧线与衣片门襟线连接，一气呵成，同时按照领线造型的大小与形态，在衣领处设计具有中国风的单色刺绣纹样，配合连身盖肩袖设计，整体造型简洁大方、线条柔美、连贯舒展、含蓄自然。

如图7-6所示，将前衣片的胸省量集中向前肩的颈侧点位置转移，并与后衣片的领线自然衔接，这是前片形成连身出领结构的基本前提。肩线线条顺着脖颈向上延伸，形成与肩颈形态自然贴合的衣领造型，领线与衣身的门襟、下摆线自然衔接，流畅柔美。

如图7-7所示，参照设定的领宽，沿门襟线方向将前衣片纵向切割，分割线顺着衣片上位于颈侧与肩部的结构弧线转折，并向后衣片自然延伸形成领线，而在前衣片上形成"V"字打开的连身出领结构的领线造型。

图7-4　无领设计（二）

图7-5　连身出领设计（一）

图7-6　连身出领设计（二）

图7-7　连身出领设计（三）

3.立领设计

如图7-8所示，将衣片的前中线断开，将胸省量与纵向折叠量水平展开，形成整片衣身的横向加量设计，将衣片的加量部分向上延伸，与左右断开的立领进行缝合，并将缝合线隐藏于折叠线之内，通过折叠工艺将衣片中部的增量与立领的领口线一并缝合，形成从领口向下摆自然展开的活褶设计，造型自然简洁、立体饱满。

如图7-9所示，本款式为双层立领设计，外层衣片加大领宽，将立领领片裁剪为一块长方形，与衣身领线缝合。由于衣片领线与立领领片对应缝合部位的线条曲率不同，立领从领侧开始转向后片，衣领逐渐与衣身产生夹角，顺着脖颈与肩线形成造型上的立体感。

图7-8　立领设计（一）

图7-9　立领设计（二）

4.驳领设计

如图7-10所示，本款式为不对称的驳领设计，一侧的驳领与同侧的袖窿省相交，改变驳头的翻折状态，使驳头上端与衣片之间通过夹层结构形成向外翻折的造型效果，驳头下端与衣身主体结构形成平面的一体式设计。

图7-10　驳领设计

5.翻领设计

如图7-11所示，本款式为不对称的翻领设计，利用左、右翻折线角度与长度的差异，两侧翻领分别构成封闭、半开放的两种不同形态，呈现出内外叠搭的造型效果，打破了对翻领设计的常规印象。

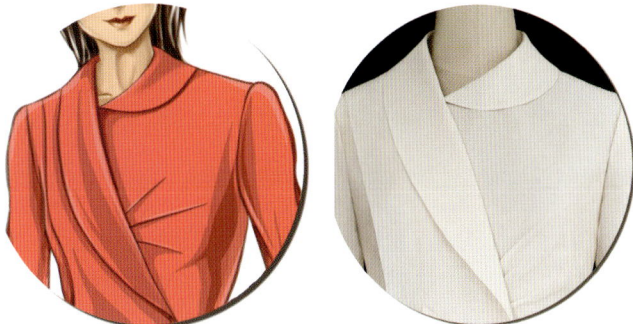

图7-11　翻领设计

6.组合领设计

如图7-12所示，将立领与连身出领造型组合设计，将立领与上衣侧片进行组合后，向脖颈内侧转角延长，形成连身出领造型，巧妙而自然，增添了衣领设计的趣味性。

如图7-13所示，从下摆向领线中部设计一条切口线，将领口展开，展开宽度为衣领宽度的两倍，使之形成可以对折的双层设计，将展开宽度沿对折中线向领口方向延长，长度为领线长度与前中抽褶量之和。在领口切口处，通过抽褶工艺形成立体波浪造型，并与翻领组合，在前胸形成蝴蝶结造型的组合领设计。

如图7-14所示，将内层立领通过挂面夹层与里布连接，外层为部分连身出领结构，向外翻出的布料在前领线处设计一个褶裥，形成荷叶边造型，平贴肩部并向后片延伸，与后领线缝合，形成内外双层结构的立领、连身出领与翻领的组合领设计。

图7-12　组合领设计（一）

图7-13　组合领设计（二）

图7-14　组合领设计（三）

二、袖子造型设计与案例分析

（一）袖子的造型分类与设计特点

袖子是服装设计的重要组成部分，袖子的造型变化是服装款式变化的重要标志。上肢的活动最频繁，幅度也最大。因此，除了强调袖子造型的装饰性与创意性外，设计师也要考虑其实用性与功能性。

根据袖子与手臂的结构关系，袖子造型分为袖山造型、袖身造型与袖口造型。袖子不同部分的造型特点各不相同，据此可以细分出不同的袖型（图7-15）。

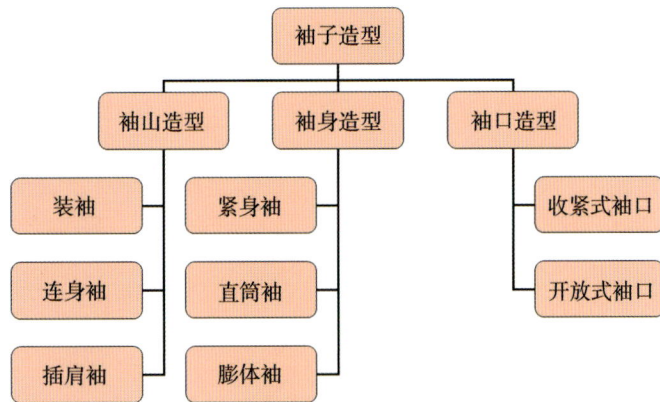

图7-15　衣袖的造型分类

1.袖山造型

袖山造型结构的三个重要因素是袖山高、袖肥和袖山斜长（图7-16）。

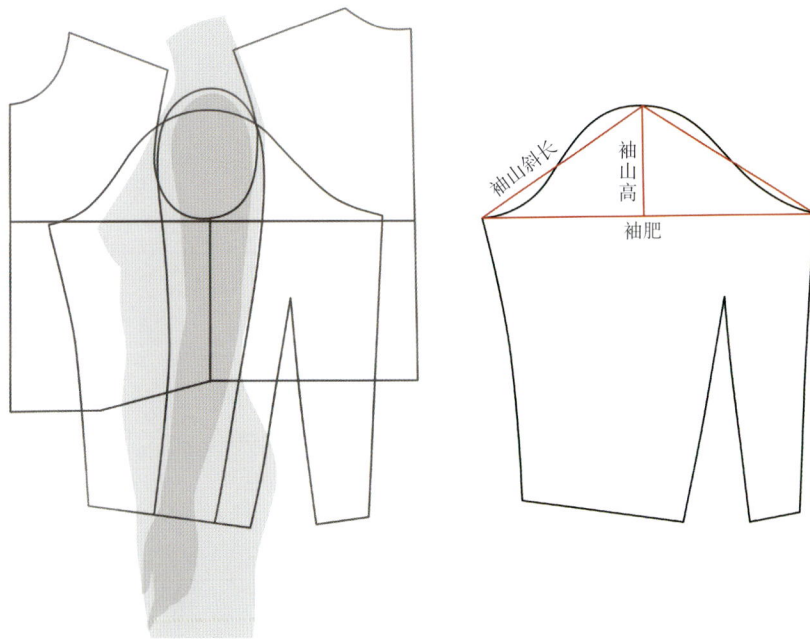

图7-16　袖山与人体的结构关系

　　根据袖山与衣身之间的造型特点与结构关系，袖子可分为装袖、连身袖和插肩袖三种。

　　（1）装袖：指袖身和衣身的结构各自独立，衣身袖窿与袖子袖山依据人体肩部的造型形态进行组装缝合。因此，装袖强调袖子与人体肩部结构的匹配关系，立体感强，变化自由（图7-17）。

　　装袖又可细分为圆装袖和平装袖两种。圆装袖的造型按照人体臂膀形体设计，外观圆润饱满，端庄、俊美、干练，多用于合体类的西装、制服、大衣等；平装袖的造型宽松舒展、简洁大方，多用于较宽松的衬衫、夹克、外套等。

图7-17　装袖

（2）连身袖：又叫"中式袖"，指从衣身直接延伸下来、不经过单独裁剪的袖子。连身袖的特点是模糊肩部、宽松舒适、易于活动、工艺简单，肩部造型圆润柔和，由于结构的原因，腋下有很多余量，衣褶堆砌，是东方写意式的平面形制（图7-18）。

（3）插肩袖：指袖子的袖山延伸到领围线或肩线的袖子。插肩袖的特点是袖形流畅、宽松舒适。如果袖山延伸至领围线，该插肩袖为全插肩袖；如果袖山延伸至肩线，该插肩袖则为半插肩袖（图7-19）。

图7-18　连身袖

2.袖身造型

根据袖身的造型形态，袖子可分为紧身袖、直筒袖和膨体袖（图7-20）。

（1）紧身袖：指与手臂紧贴，衬托手臂形状的袖身造型，为了保证手臂的正常活动，一般采用有弹性的面料，多用于毛衫、针织衫、紧身服等。

（2）直筒袖：指依据人体手臂形状设计的袖身造型，袖子与手臂自然贴合，大小适中，呈直筒状，造型圆润饱满，一般有一片袖结构、两片袖结构和三片袖结构，整体造型强调功能性与美观性。

（3）膨体袖：袖身造型比较夸张，袖身脱离手臂，与人体之间的空间较大，通常指袖身整体或局部设计为膨大宽松的造型，如袖山膨起的羊腿袖、袖身膨起的灯笼袖、袖口膨起的喇叭袖等。

图7-19　插肩袖

紧身袖

直筒袖

膨体袖

图7-20　袖身造型

3.袖口造型

袖子的大小和形状对服装的整体造型也有重要影响。根据袖口的造型形态，袖口分为收紧式袖口和开放式袖口（图7-21）。

（1）收紧式袖口：指在袖口处做收紧设计，活动方便，舒适保暖，造型利落大方。

（2）开放式袖口：指袖口呈开放自然散开状态，造型洒脱、灵活，装饰性强。

图7-21　袖口造型

（二）设计案例分析

袖子在服装整体造型中起着重要的作用，袖子设计可以先从袖子原型的变化开始，如在袖口、袖山、袖肘等部位进行省道、褶裥设计，通过设置不同的放松量来塑造不同的袖子外形轮廓；或是在袖子的不同部位进行切展变化，补充褶裥量以改变袖子的外轮廓造型等（图7-22）。

图7-22　袖型设计

1.连身荷叶袖设计

如图7-23所示，利用面料自然悬垂的特点，加大袖口量，袖子从领口伸展出形成自然柔和的肩袖造型，连身结构的荷叶装饰袖片覆盖肩部并向下形成包合手臂的自然垂褶设计，线条优美，打破了传统旗袍造型的刻板印象，袖子造型与强调女性修身曲线的衣身线条形成动静分明、协调统一的设计效果。

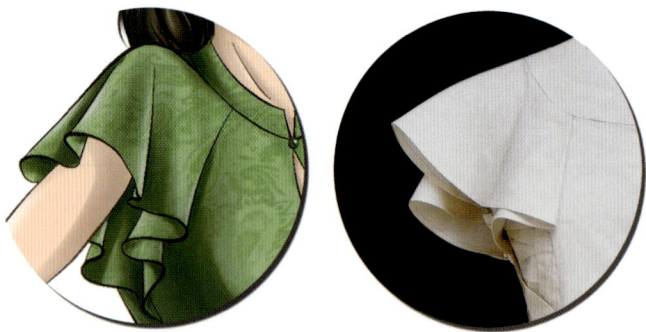

图7-23　连身荷叶袖设计

2.落肩膨体袖设计

如图7-24所示，运用加大袖肥与袖口收省等立体造型手法，袖子外形强调结构感与体积感，落肩设计使肩部线条柔和自然，与棱角分明、立体宽大的袖子外形形成鲜明对比，整体造型强调直与曲、大与小、松与紧的对比效果。

图7-24　落肩膨体袖设计

3.变化装袖设计

如图7-25所示，将传统的合体装袖位置从肩部向手臂方向位移，与衣片连接的立体插片向外伸出，与袖子形成内外包裹的结构关系，整体造型简洁干练，打破了对装袖结构的传统认知，拓展了立体造型的创意空间。

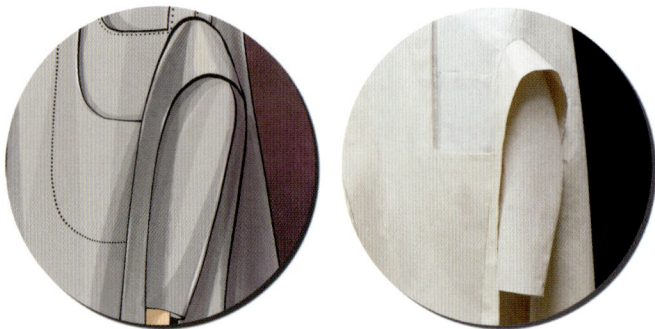

图7-25　变化装袖设计

4.荷叶插片袖设计

如图7-26所示，将装袖袖片从上至下设计出一条分割线，分割线中插入一条由宽变窄的荷叶插片，布料的外边缘自然形成曲线波浪的荷叶边造型，衣袖设计打破了装袖结构的原有特征，改变了原有袖子的廓型，造型立体灵动。插片如果延伸至肩部，可使肩部与袖子的折线转角轮廓呈现柔和自然的造型。

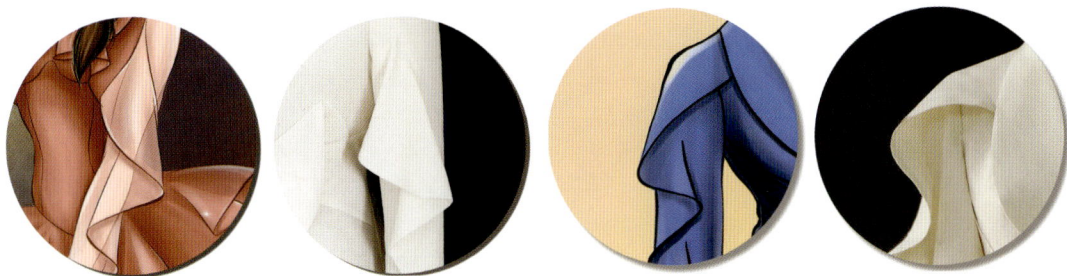

图7-26 荷叶插片袖设计

5.借肩装饰袖设计

如图7-27所示，借肩设计使肩宽与袖山高增减互补而重新分配数据，袖山结构的袖山斜线分为上下两段，调整袖山斜线下端的形态，将前、后袖山宽度进行加量设计，并向上延展出一定的褶量，在肩部外层形成抽褶与对折设计，使袖子在肩部形成层次丰富的空间设计。

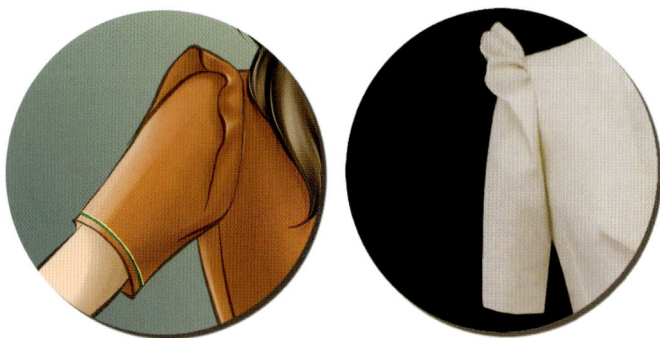

图7-27 借肩装饰袖设计

6.蝴蝶结装饰袖设计

如图7-28所示，袖山顶端预留蝴蝶结的结头宽度，自上而下，分别从前、后袖山线向袖口方向画两条斜向的线段，在袖片中间设计一个梯形，袖口不变，沿斜线将袖片的前、后袖山展开

图7-28 蝴蝶结装饰袖设计

一个三角形的对折，将袖山进行横向的加量设计，同时袖体向外延长出一定的抽褶量，使肩部形成由袖子两侧布料向中间抽褶聚集并固定的蝴蝶结装饰，富有立体感与装饰感的局部设计成为造型焦点。

7.垂褶连身袖设计

如图7-29所示，将轻薄柔软且悬垂性较好的面料在人台上进行直接造型，设计成连身结构的袖子造型。衣片布料捏褶后集中在肩头固定，形成从胸部指向肩头的放射状褶裥设计，衣身胸部的布料保持平整，袖子方向预留出足够多的布料，袖子中部随意确定一个点，向肩部方向

提拉固定，袖口因拉力作用产生
向固定点集中的自然褶，袖子造
型呈现出立体丰满的视觉效果。

8.堆叠装袖设计

如图7-30所示，运用立体
裁剪手法，在人台上用面料直接
造型，或者用平面的方式在基础
袖片上进行结构变化，袖口大小
不变，加大袖山体量，通过折叠
与抽褶形成肩部的立体感，袖子
的外观层次丰富、立体饱满。

9.翻折连身袖设计

如图7-31所示，将连身袖
袖口外侧的布料延长，顺着手臂
与肩部形态向上翻折，布料边缘
修剪出自然流畅的曲线，布料形
成与袖体巧妙结合的装饰，整体
造型强调了袖子结构的完整性，
肩部线条更加柔美自然。

10.双层借肩袖设计

如图7-32所示，收窄肩宽，
运用袖体借肩的手法，使肩部宽
度顺着肩线向外延伸，一片式结
构的袖片向前围合，在肩部形成
直线转角的开口设计，以弧线旋
转的方式向内伸展固定，与相对
独立的内层合体袖形成内外空间
的层次变化。

11.规律垂浪袖设计

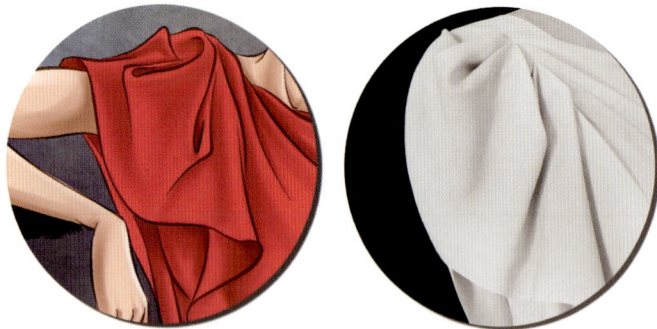

图7-29　垂褶连身袖设计

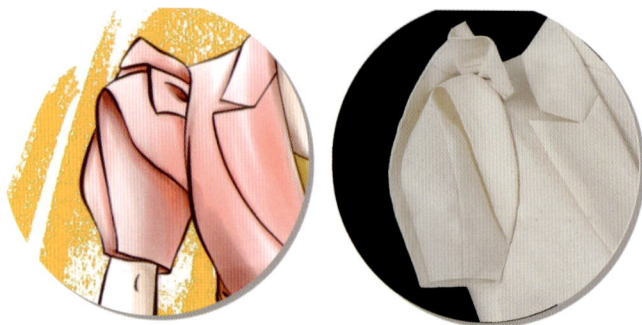

图7-30　堆叠装袖设计

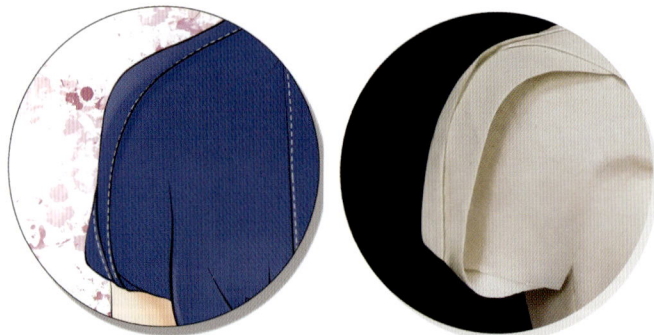

图7-31　翻折连身袖设计

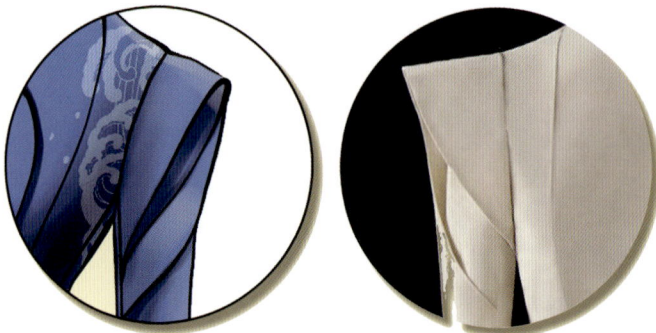

图7-32　双层借肩袖设计

如图7-33所示，根据袖子局部造型的需要，在袖子中间设计出上下两个可以立体起伏的
线条轨迹，将一片袖的基本样板进行结构分解，在袖子需要产生凹凸立体的部位进行加量处
理，改变原本袖子结构的基本几何形态，使袖体的袖山区域形成向下垂浪的造型。

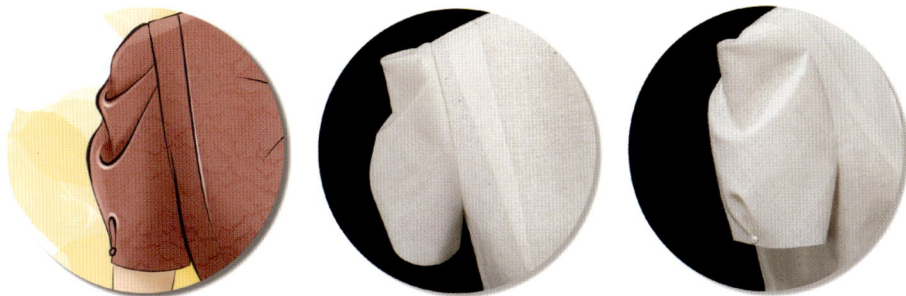

图7-33　规律垂浪袖设计

12.非常规结构袖设计

如图7-34所示，打破传统结构的固有模式，直接在人台上进行大胆的造型实验，将袖子与衣身结构作为一个完整的结构体系，使服装在多视角下形成不同形态的廓型特征。由于设计者在造型过程中具有自由性、偶然性等主观因素，不同手法的造型实验可能会诱发不同的设计结果，使整个造型的过程变得生动有趣。

图7-34　非常规结构袖设计

三、下摆造型设计与案例分析

（一）下摆的造型分类与设计特点

下摆是位于服装最下面的开口，也是构成服装廓型的关键部位。下摆与衣身的整体造型相互关联，下摆的大小会对服装的整体廓型产生一定的影响。根据服装廓型的形态特征，下摆可以分为开放型、直筒型和收口型三种类型（图7-35）。

开放型　　　　　　直筒型　　　　　　收口型

图7-35　下摆的造型分类

左右对称的下摆造型，比较符合自然规律与人们审美的一般原则，具有单纯、简洁的美感，以及静态的安定感。不对称的下摆造型，寻求在变化中求统一的设计效果，可以通过图案、面料、色彩、局部装饰等，协调失重的造型关系，达到视觉上的平衡感受（图7-36）。

下摆款式多样，根据不同的下摆款式，可以选择与之协调的设计手法。如开放型下摆可以采用压褶、大波浪自然褶、碎花荷叶边、多层次设计等造型手法；直筒型下摆可

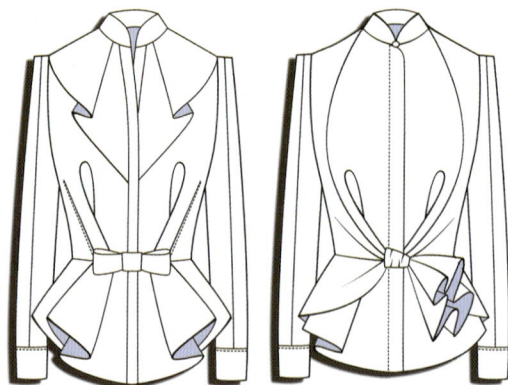

对称   不对称

图7-36   下摆的对称与不对称

以设计为直线下摆或弧线下摆，或运用拼接、开衩、流苏、蕾丝等技术与装饰手法进行设计；收口型下摆可以设计为抽绳收口、松紧收口、褶裥收口、带襻收口、罗纹收口、花苞造型收口等；除了采用对称的下摆形式外，也可以采用不对称的下摆形式，使下摆造型更加生动有趣、富于变化（图7-37）。

图7-37   下摆的造型手法

（二）设计案例分析

1.不规则斜裁下摆

如图7-38所示，将基础样板进行交叉组合与外形整合，使前后、内外的两组裙片形成相互为

90°夹角的整片结构，运用斜裁技术，内层裙摆向下展开自然垂褶，外层布料因一侧单肩受力，使另一侧裙摆向上翻折，产生指向受力方向的堆积褶。内外裙摆因结构特征与布料的裁剪方向不同，布料在裙子中的褶皱轨迹形成了位置、方向、体量的对比与变化，个性新颖、动感十足。

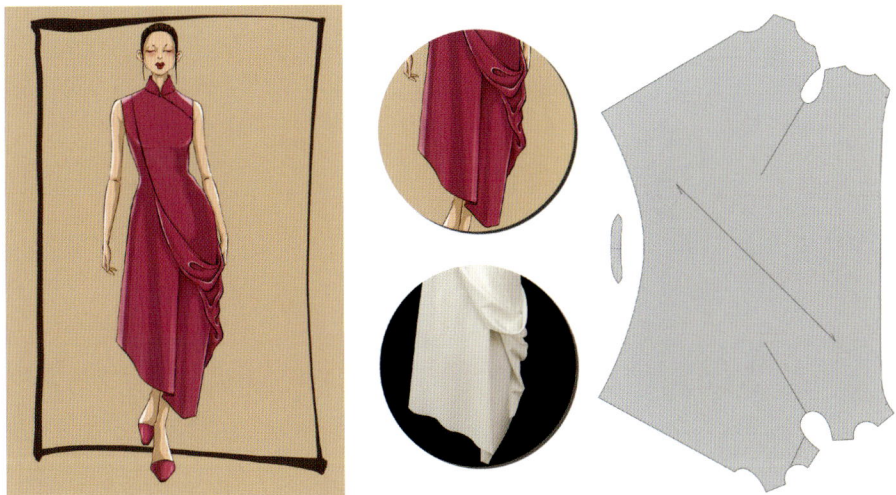

图7-38　不规则斜裁下摆

2.单点受力下摆

如图7-39所示，在裙身一侧设计上、下两个点（或两条线），将两点（或两条线）重合，布料向上提拉、向外对折，单侧裙摆产生向单点（或单线）聚集的褶量，两点（或两条线）距离越大，聚集褶量越多，同时，向上提拉的动作又使另一侧裙摆体量减少而外形线发生变化。利用立体裁剪技术中单点受力带动下摆造型变化的原理，使裙摆的左、右体量产生对比，形成不对称的下摆设计。

3.加量下摆

如图7-40所示，将合体上衣设计成不对称的斜省结构，一侧腰部进行上、下断缝分割，运用平面或立体裁剪手法，将下摆展开加量后，对衣片进行对位缝合，下摆线呈现出波浪造型，最后将下摆修剪成两端长、中间短的不对称形态。

4.斜向折叠下摆

如图7-41所示，款式为两端

图7-39　单点受力下摆

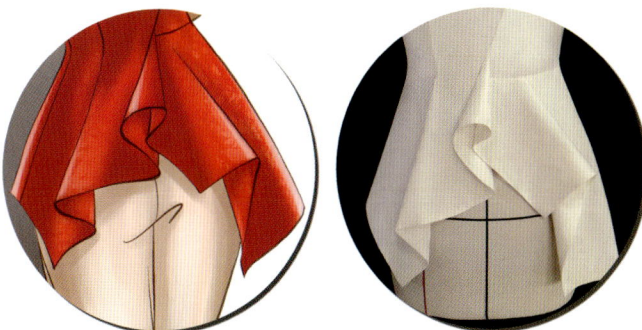

图7-40　加量下摆

长、中间短的弧线下摆，左、右下摆运用不同方向的斜向折叠手法，一侧褶量在胯部堆积，另一侧褶裥在腰部固定，褶量在下摆自然打开，整体造型强调局部对比与和谐统一，极具形式感。

5.双层平行错位下摆

如图7-42所示，上层衣片的双层门襟以错位平行的弧线轨迹向下摆延伸，门襟与下摆形成一体式流线设计，下层衣片沿前中线向外翻折，翻折线上端剪开，开口处设计褶裥，调整并修剪荷叶边造型。下摆以不对称的曲线为主要特色，结合立领、盘扣等中式元素，造型形式巧妙自然、时尚灵动。

6.单侧荷叶装饰下摆

如图7-43所示，款式为简洁修身的合体造型，斜摆设计将视线向右下角引导，由于层叠的荷叶边装饰，立体丰满、造型夸张，与斜摆一同形成完整的下摆，彼此呼应、相得益彰，成为整体造型的设计亮点。

图7-41　斜向折叠下摆

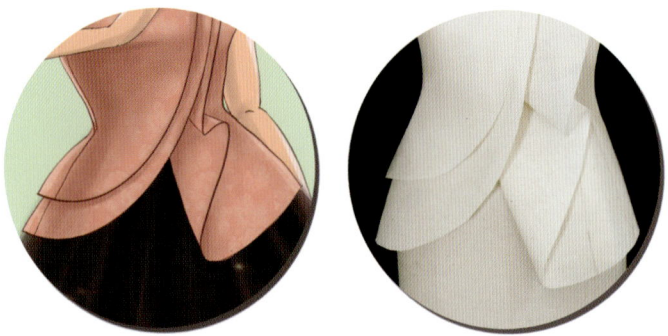

图7-42　双层平行错位下摆

图7-43　单侧荷叶装饰下摆

四、门襟造型设计与案例分析

（一）门襟的造型分类与设计特点

作为一种为了穿脱方便而设置的特殊分割形式，门襟一般指上衣前胸的开口，或是裤子腰部到前裆的开口（图7-44）。

根据不同的分类方法，门

图7-44　门襟的设计形式

襟可以分为不同的类型（图7-45）。

　　按照门襟上扣子的位置与排列关系不同，门襟可以分为单排扣门襟和双排扣门襟。

　　按照门襟结构形式的不同，门襟可以分为搭门襟和对门襟。搭门襟以纽扣、暗扣等连接，左、右片相互重叠，重叠的部分称为搭门，外层为大襟，内层为里襟。对门襟则通过拉链、盘扣等连接，为达到更好的封闭效果，对门襟可以单独设计一片里襟。

单排扣门襟和双排扣门襟　　　　　　　　搭门襟和对门襟

图7-45　门襟的分类

　　门襟通常与领子、下摆一起构成上下连接的整体，因此在造型、结构与工艺形式上需要与之协调，才能取得较好的设计效果。川久保玲在2009—2010年秋冬的作品中，使用具有结构线特征的白色装饰线条，与服装主体的底色形成鲜明对比，依据上衣的基本结构边缘线，对衣片的结构关系进行强化与二次解构，装饰性线条在设计中形成极强的视错效果，改变了门襟固有的视觉形态，赋予服装结构外在形式新的理解与生命（图7-46）。

　　门襟设计需要在传统结构的基础上进行合理创新，可以在结构造型和装饰工艺上进行大胆尝试与变化，如将门襟与衣领、下摆、衣身结构进行巧妙结合，运用色彩拼接、扭转式交叠、装饰边缘、错位解构、趣味组合等设计手法，使门襟更具新意，丰富门襟的多元性，让原本单一的门襟变得多姿多彩，以满足人们对服装创新性和多样性的追求（图7-47）。

图7-46　川久保玲2009—2010年
秋冬作品

图7-47 门襟设计

（二）设计案例分析

1.不对称荷叶装饰门襟

如图7-48所示，左侧驳头底布与驳头形成上下结构关系，从纽扣处向下将底布设计成荷叶边造型，与纵向分割线自然结合，门襟设计与驳领上下衔接，一气呵成，流畅自然，层次分明。

图7-48 不对称荷叶装饰门襟

2.衣身整片连裁门襟

如图7-49所示，衣身与门襟为整片连裁设计，门襟下端的布料沿着设计好的角度向外侧折叠，在腰部调整出荷叶边造型后，与门襟重合修剪并固定。

图7-49 衣身整片连裁门襟

五、后背造型设计与案例分析

（一）后背的造型分类与设计特点

山本耀司曾说过："我非常重视背面的设计，丝毫不会敷衍。"

根据服装后背造型特征的不同，后背设计通常分为合体式设计和松身式设计两种。

服装设计师常常比较注重前身而忽略后背设计，但别致的后背设计也可能成为设计的精彩部分。镂空、系带、抽绳、装饰、编织、垂坠的褶裥、交叉的线条、优美的弧度、现代感的金属、华丽的刺绣与钉珠、解构与穿插造型、不规则的立体裁剪设计手法……越来越多的元素融入后背设计，带给人们更多的想象空间，增添了服装的层次感与趣味性（图7-50）。

在礼服或创意类女装设计中，后背经常采用多种形式的镂空设计，让整体造型产生空间感与层次感（图7-51）。

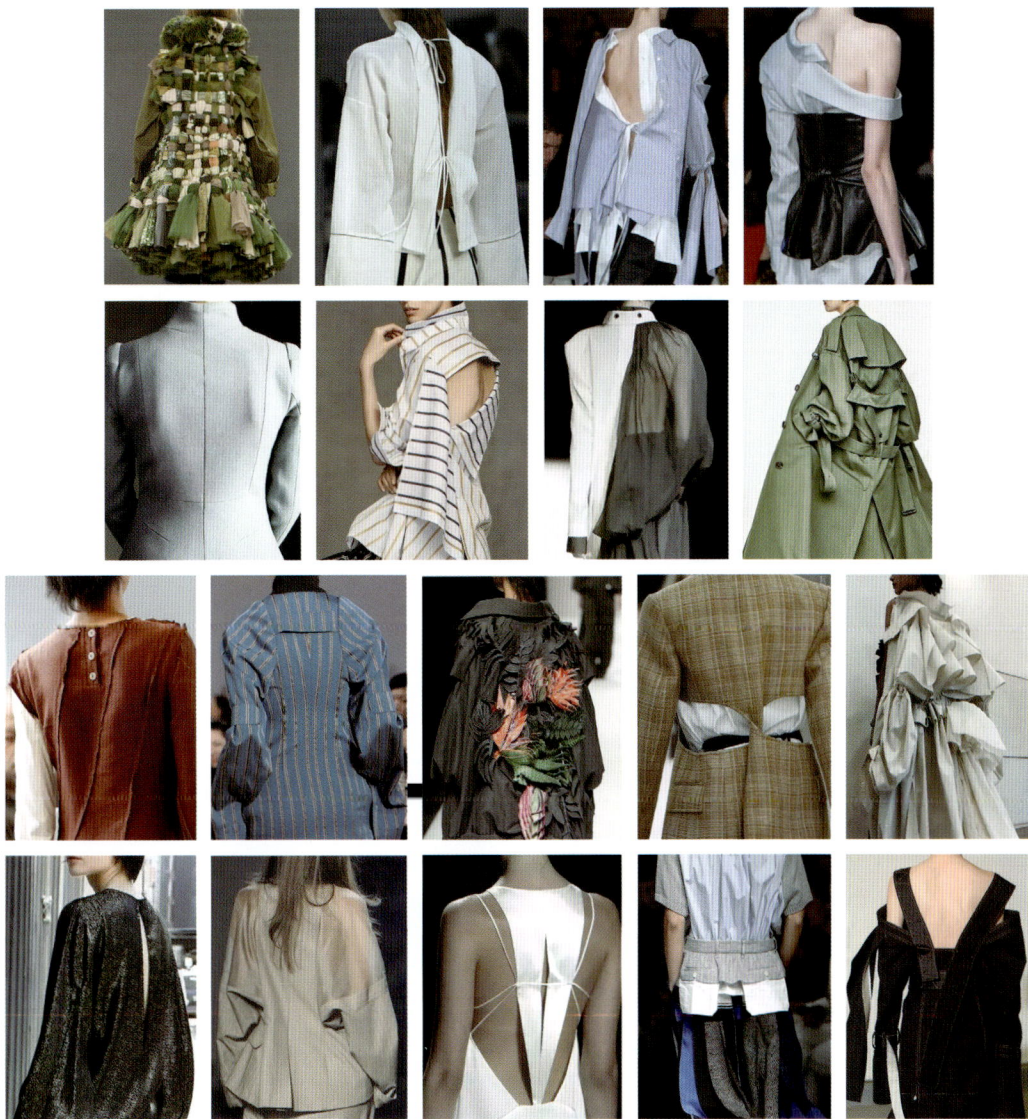

图7-50　后背的造型设计

图7-51　后背镂空设计

（二）设计案例分析

1.透明与镂空后背

如图7-52所示，半透明面料的交叉层叠设计形成不同大小块面的色彩变化，形式感极强，运用对称的分片设计巧妙塑造后背曲线，同时形成几何镂空，蝴蝶结装饰使后腰设计别致有趣。

图7-52　透明与镂空后背

2.断缝与抽褶后背

如图7-53所示，后背上下分片设计形成开口，上面布料通过抽褶工艺在开口处形成花边装饰，下面布料收省，边缘绳边与腰部贴合。

3.前后反向后背

如图7-54所示，采用逆向思维，将衬衫门襟的结构形式与后背造型结合，通过分片结构与抽褶手法形成不对称的后背合体设计，大胆创新，形成较强的形式感。

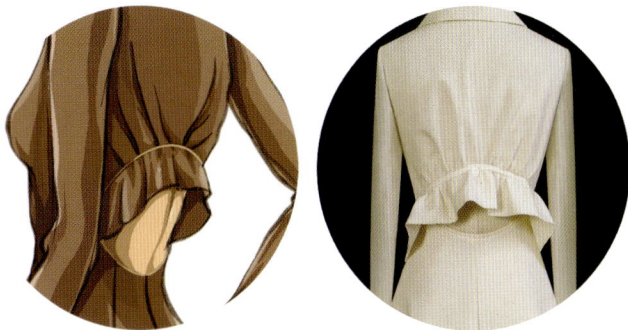

4.曲线镂空后背

如图7-55所示，后背设计为倒立的水滴镂空造型，衣片依照镂空线边缘线条的形式变化进行不对称的通体分割，形成上下流畅的曲线设计，使后背衣身自然合体，优美舒展。

5.束腰与搭片后背

如图7-56所示，款式为宽松阔摆的衣身造型，在后腰处开口，一条腰带穿过开口，在外套内侧的前腰部固定，凸显后背曲线的同时，与前片的松身造型形成鲜明对比。搭片设计增加了后背设计的层次感，使后背立体有型，整体廓型生动有趣。

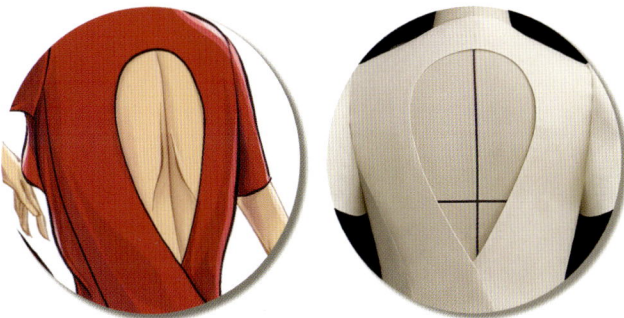

六、胸部造型设计与案例分析

（一）胸部的造型分类与设计特点

作为女装衣身造型设计的重点部位，胸部造型通常与相邻的领子、肩袖、腰部、门襟、口袋等局部造型进行联合设计，它们之间相互关联、相互影响。

根据服装与人体的合体程度，可以将衣身造型分为合体型与宽松型。

对于合体女装而言，胸部通常是女性身体曲线变化最为丰富的部位，也是服装设计的关键

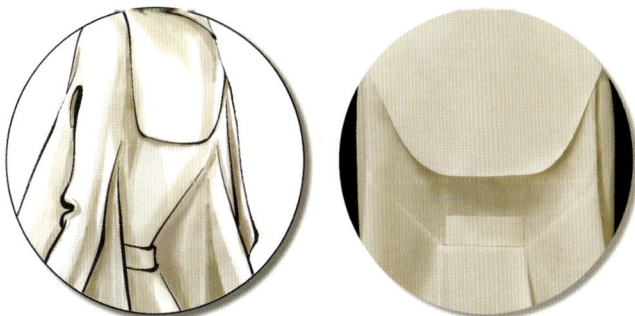

图7-53　断缝与抽褶后背

图7-54　前后反向后背

图7-55　曲线镂空后背

图7-56　束腰与搭片后背

部位。因此，在进行女装胸部造型时，可以通过合理巧妙的胸省转移、省道与分割线的各种组合等结构设计，形成合体服装的结构平衡与曲线塑形；或者采用平面与立体装饰等设计手法，将胸部造型的艺术性与技术性结合，实现设计的突破与创新（图7-57）。

图7-57　合体型胸部造型设计

而对于宽松结构的女装，如何把握点、线、面等造型元素在整体造型中的比例与关系，如何使服装与人体保持特定空间关系的同时形成具有体量感与造型感的外部廓型，如何通过巧妙多变的造型手段形成具有个性化与风格化的局部设计，这些都是女装胸部造型创意设计的关键所在（图7-58）。

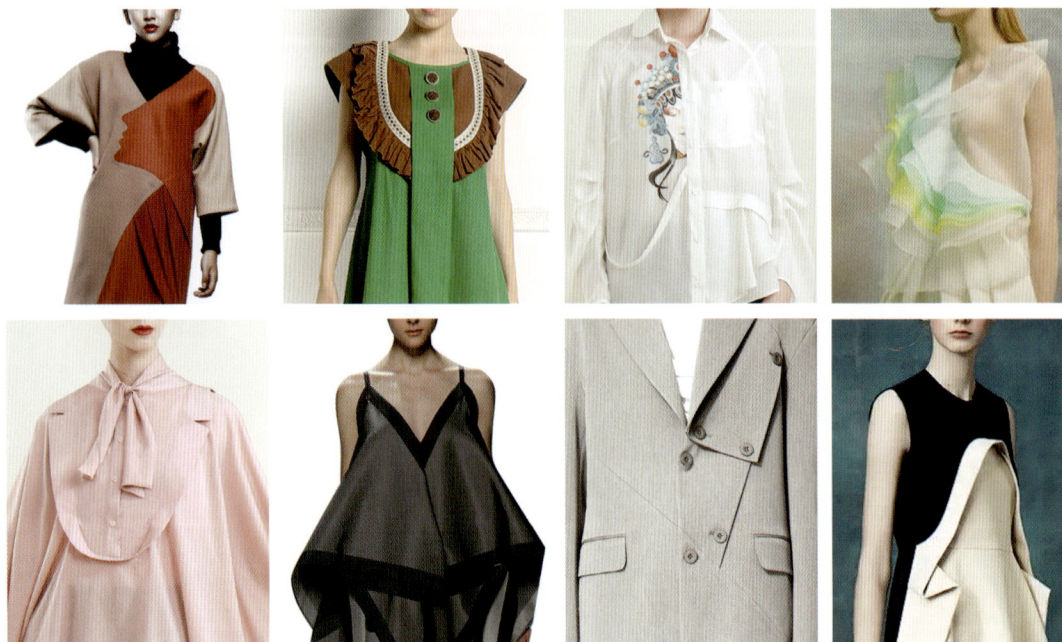

图7-58　宽松型胸部造型设计

（二）设计案例分析

1.断缝与托胸造型设计

如图7-59所示，胸部下围为斜线断缝设计，左右托胸结构在前胸交叠，形成交叉的V字领口，在提高视觉比例的同时，凸显胸形与人体曲线。其中一侧托胸布片沿着领口折叠线向外翻出，与前片缝合固定，形成里外与上下流畅连贯的构成形式。

2.立体折叠造型设计

如图7-60所示，将立体饱满的花饰造型与胸部结构设计结合，通过对花卉造型的解构与重组进行艺术创新，打破以往花卉造型的构造方式，借鉴折纸艺术与立体拼接等造型手法，将花卉以浮雕的形式表现在服装的胸部部位，以强大的视觉冲击与极具表现力的艺术形式诠释特定的设计主题，实现服装造型技术与多元文化、美学的结合。

3.肌理与镂空造型设计

如图7-61所示，以"金鱼"仿生设计为主要手法，前胸采用双层的立体镂空设计，底布鳞片装饰肌理，领口处由里布向外翻折，边缘修剪成不对称的曲线造型，强调结构布局的空间感与局部装饰的立体形态，整体造型层次丰富、生动饱满。

4.错位叠加与交互穿插造型设计

如图7-62所示，不同大小与形态的面料，在前片以错位叠加与交互穿插的方式进行造型设计，营造出丰富的体量感与层次感，通过合体结构的省道变化，在前胸形成不对称的褶省与分割设计，重叠的布片沿着规律的S曲线，在衣身上进行富有节奏感的整体布局，线条设计优美流畅，疏密有序，恢宏大气。

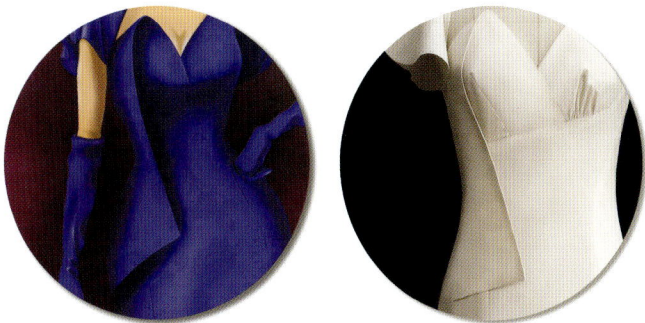

图7-59 断缝与托胸造型设计

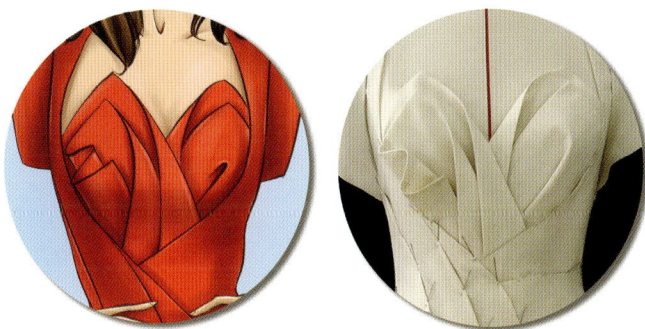

图7-60 立体折叠造型设计

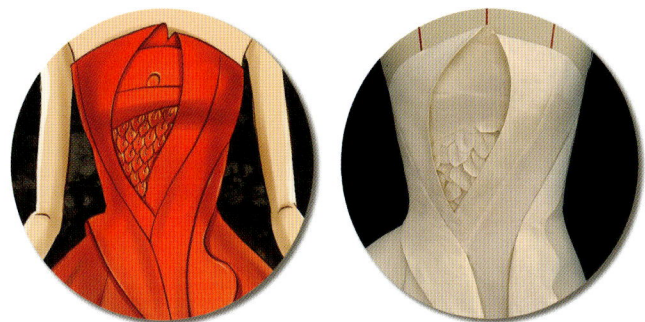

图7-61 肌理与镂空造型设计

5.曲线造型与分层叠绕造型设计

如图7-63所示，双层交领以分层卷曲的方式在领线处叠绕造型，在胸部形成立体流畅的曲线变化，领口分割处纵向折叠，衣片自上而下的不对称剪裁与斜向折叠设计，从领口到下摆彼此呼应，一气呵成。

6.曲线分割与弧形省道造型设计

如图7-64所示，结合弧形拼接的省道设计，在胸部造型中塑造上下翻卷的立体空间，将蝴蝶以抽象概括化的方式呈现，构成衣身主体以曲线为主的设计特征，既解决了修身的合体结构，又具有装饰效果，变化丰富、主次分明。

图7-62　错位叠加与交互穿插造型设计

图7-63　曲线造型与分层叠绕造型设计

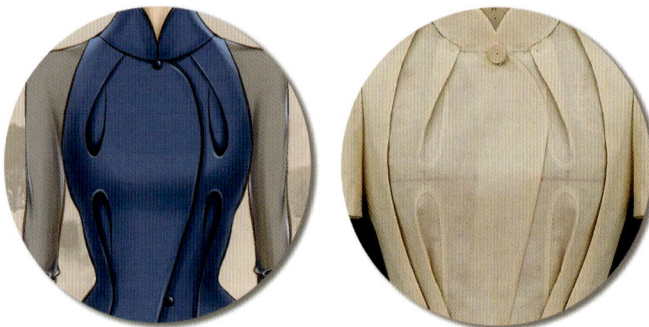

图7-64　曲线分割与弧形省道造型设计

七、腰部造型设计与案例分析

（一）腰部的造型分类与设计特点

作为人体重要的分界线，腰部设计往往成为女装设计的亮点，也是影响服装整体造型与风格的主要因素。

服装腰部根据不同的分类方法，可以分为不同的类型，如根据腰线的高低不同，可以分为高腰造型、中腰造型和低腰造型；根据腰部的松紧不同，可以分为紧身造型和松身造型等。

腰部的设计非常丰富，如腰线的高低可以改变服装的分割比例关系，腰部的松紧度也决定了服装的廓型与风格。此外，增加层次感的扭结或镂空、不对称设计、别致的装饰工艺手法、别具一格的腰带设计与系扎、创意的材质与色彩搭配……不仅可以在视觉上改变穿着者的人体比例，还赋予服装不同的风格与个性。腰部造型的细节设计不仅使服装看起来精致有趣，增加服装整体的视觉冲击力，还可以在一定程度上提高服装的功能性（图7-65）。

图7-65　腰部的造型形式

（二）设计案例分析

1.不对称抽褶造型设计

如图7-66所示，集中在腰部一侧的抽褶造型形成单点对焦的设计中心，既是款式设计的视觉焦点，也是改变主体对称结构的重要手段，既可以解决合体服装结构上的问题，也是使局部立体饱满，具有较好装饰效果的造型手法。

2.折叠与褶裥造型设计

如图7-67所示，衣片向领口方向反复折叠后，与门襟缝合固定，形成完整的整片结构，腰部的折叠与褶裥设计立体饱满、活泼有趣。

3. 左右交叠与穿插造型设计

如图7-68所示，前侧折角片在腰部中央形成交叉层叠设计，分别与左右交叠的领口、对称斜向折叠的下摆构成上下连接的结构关系，以长短不同的直线进行斜向交互穿插，在腰部形成分而不断的切面对比设计，构成丰富完整的视觉中心。

图7-66　不对称抽褶造型设计

图7-67　折叠与褶裥造型设计

图7-68　左右交叠与穿插造型设计

第八章 服装风格与表现载体

课题名称： 服装风格与表现载体

课题内容： 1. 服装风格
           2. 表现载体

课题时间： 2课时

教学目的： 了解常见女装风格与表现形式、服装设计的表现载体及其在设计中的
相互关系，根据表现载体的配置方法进行设计运用。

教学方式： 案例分析与课堂训练。

本章重点： 1. 常见女装风格与表现形式。
           2. 表现载体的配置方法。

无论是定制类产品还是批量生产产品，在单品设计之前首先要明确的是设计的定位（包括风格定位、价格定位、消费市场定位与营销定位等）与单品设计所承载的物质载体（包括造型、材料与色彩）等相关信息，再根据设计要求完成具体的设计，款式设计应该与设计定位相辅相成，设计师在结合流行趋势、满足市场需求的同时需要大胆创新，提升产品设计的内涵与品质。

一、服装风格

服装风格是一个时代、一个民族、一个流派或一个人在服装形式和内容方面所显示出来的价值取向、内在品格和艺术特色。服装风格从一定程度上反映了设计师独特的创作思想和艺术追求，也反映了鲜明的时代特色。

常见的服装风格有瑞丽、嬉皮、百搭、淑女、学院、通勤、中性、嘻哈、田园、朋克、OL、洛丽塔、街头、简约、波西米亚、民族、浪漫、中国传统风格等。

随着国际文化与信息交流的加深、互联网文化的渗透，以及科技与智能技术的快速发展，"现代"与"复古"之间的界限越来越模糊，跨界领域相互合作与融合，打破了不同服装风格之间的界限，创造出更多、更新、更符合未来时代发展与消费者需求的新风格已成必然。

2017年春夏时装周上，本土设计师品牌吉承的"遛园舞凤"系列，从主题到款式都展示了中式纹样与西式元素的相互融汇，设计作品既有现代摩登感，又带有传统韵味，用街头元素演绎了中国风的潮流设计。密扇品牌的"满汉全席"系列，作品以国际化的视野，展现了浓郁的中国风，款式设计从街头设计元素到混搭手法，诠释出富有个人魅力的复古适穿、年轻个性的设计风格（图8-1）。

吉承品牌的"遛园舞凤"系列　　　　　　　　密扇品牌的"满汉全席"系列

图8-1　中国风的设计与创新

二、表现载体

（一）表现载体的内容

造型、材料与色彩，是服装设计的三大基本要素，也是服装设计的表现载体。

服装造型呈现了服装的具体款式与结构特征，服装色彩是直观表达服装设计视觉冲击力的审美因素，服装材料是将设计思维具象化的物质载体。不同的表现载体呈现不同的设计效果。对于设计师而言，合理运用服装设计的表现载体，是传达设计思想、形成服装风格的重要手段。

（二）表现载体的相互关系

服装造型、材料与色彩既相对独立，又互相影响。

1.面料对造型的影响

服装材料本身具有色彩、质感等客观的物理属性，在很大程度上影响了服装的整体风格与造型特点。

色彩柔和的素面绸缎面料，具有光泽、柔软、华丽的外在特征，并自带一定的骨架感，可利用折叠、层次等局部设计与立体多变的下摆造型，展现极具女性化的温柔与优雅气质（图8-2）。

图8-2　素面绸缎面料的造型设计

经编毛呢面料手感厚重、挺括易塑形，具有良好的保暖性与保形性，品质较高，适合用于塑形性与体量感较强、廓型饱满的造型设计（图8-3）。

　　棉麻面料是棉和麻混纺的天然面料，穿着舒适，透气性和散热性较好，具有古朴自然的色泽，由于面料抗皱性较差，不宜设计过于合体的造型（图8-4）。

图8-3　经编毛呢面料的造型设计

图8-4　棉麻面料的造型设计

　　轻薄柔软的雪纺和通透挺阔的欧根纱常用于唯美浪漫的女装设计中，利用轻薄材料的重叠造型、不同色彩的层次递进变化、精美的局部装饰、流畅舒展的线条设计，可以营造出叠透飘逸、唯美朦胧的设计效果（图8-5）。

图8-5　欧根纱面料的造型设计

2.色彩对造型的影响

理想的服装造型，离不开好的色彩配置。

服装设计常用的色彩配置分为对比配色与协调配色两种（图8-6）。

（1）对比配色：

相对配色，强调不同色相之间强烈对比效果的配色方法。

明暗配色，强调色相之间不同明度的色彩对比关系，是一种表现强烈色彩视觉感观的配色方法。

（2）协调配色：

深浅配色，强调不同纯度的相同或相近色相之间的明度对比关系，是一种表现和谐色彩视觉感观的配色方法。

同系配色，通过明度、纯度的变化进行色彩配置，是一种表现柔和素雅视觉感观的配色方法。

图8-6　常用的配色方法

（三）表现载体的配置方法

根据色彩与面料在造型设计中的组合方式，将表现载体的配置方法分为单色单质、异色同质、同色异质、异色异质四种。在造型设计中，表现载体如果结合图案元素运用，则呈现出更加多元化的艺术形式。

1.单色单质配置

单色单质配置，即采用单一色彩、单一材质的面料进行造型设计。相同色彩和材质的面料的表达形式使整体设计统一，但为了避免单调感，可以人体为基础，通过结构设计，形成特定的廓型与生动的局部，或对面料本身进行刺绣、抽褶、再造等二次设计，使单色造型更加饱满与丰富。单色单质的配置方法，适合将特色造型作为设计表现重点的服装（图8-7）。

图8-7 单色单质配置

2.异色同质配置

异色同质的造型设计，即采用不同色彩的同种面料，或者同种材质的单色与花色面料组合设计。面料的组合形式可以通过结构或装饰拼接，也可以用同一面料根据设计需要进行局部染色处理等，异色同质的配置方法强调色彩组合产生的对比效果（图8-8）。

图8-8 异色同质配置

3.同色异质配置

同色异质的造型设计，即采用同一色彩的不同面料进行组合设计，这种强调材质冲突对立的组合形式，如硬挺与柔软、厚重与轻薄、前卫与传统等，不同风格与特征的面料形成对比，同一色彩又使整体效果调和与统一（图8-9）。

图8-9　同色异质配置

4.异色异质配置

异色异质的造型设计，即采用不同色彩、不同面料进行组合设计，在同一设计中，通过不同色彩与面料的相互关联与对比，使各自的特色得到夸张与强化。异色异质的配置方法使造型设计富于变化，需要注意把控设计中不同色彩与面料的比例关系，寻找彼此的关联性、衔接性与过渡性，使设计元素主次分明，保持设计风格与形式的完整统一，避免设计的杂乱无序（图8-10）。

图8-10　异色异质配置

模块三

03

单品与系列设计

随着时代进步与科技文化的快速发展，人们对于产品的认知与审美水平逐渐发生变化，对女装设计的品质、风格和价值也提出了更高要求，女装品牌为了突出产品风格，提升产品的整体形象，推出个性化与风格化的单品和系列化产品成为一种必然。

第九章

单品设计

课题名称：单品设计

课题内容：1. 单品设计的方法

2. 女裙设计

3. 女衬衫设计

4. 女外套设计

5. 女裤设计

课题时间：12课时

教学目的：归纳单品设计的基本方法，掌握不同品种女装单品的造型设计方法。

教学方式：案例分析与课堂训练。

本章重点：女外套造型设计。

单品，一般指服装的基本品类。系列设计一般先从单品设计开始。

女装设计师通过市场调研，了解消费者对于不同品类单品的需求，制订具体的设计方案，分析不同单品在全盘系列产品中的占有比例，这不仅有助于精准把握特定的消费市场，而且有助于提高设计效率。

一、单品设计的方法

产品开发都是先从单品设计开始。在工作内容上，设计师团队除了根据品牌风格与当季设计主题确定色彩、材料与造型方案外，还要制订产品的结构框架，分配具体的设计任务，并针对不同单品的设计特点，列出详细的任务清单，制订相应的设计日程表。对于设计师而言，除了需要拥有相当丰富的面料、色彩知识，掌握市场动态以及对时尚潮流具有强烈的敏感度之外，在进行具体的单品设计时，还要善于总结出一些可行的设计方法以提高设计效率与质量。

（一）市场整合法

通过对定位市场的调研与统计分析，全面了解企业的产品定位，锁定目标人群与产品风格，整合对应市场的不同需求，总结目前畅销产品的优点，展开具有指向性的单品开发。对于初入职场的设计师来说，这是较好的工作习惯与行之有效的设计方法。

（二）命题设定法

根据设计任务与命题，先制订设计目标，再顺着这个设计思路往下思考，根据特定元素的具体要求，丰富与完善单品的款式细节，根据设计的风格和产品定位调整好局部与整体的关系使之统一。

（三）色彩限定法

先从色彩设计入手，根据整体设计方案与搭配关系，确定单品的主色与配色，再根据色彩的限定对其他设计元素做出必要的取舍，对选出的设计元素进行各种组合与修改，最后呈现出设计的最终效果。

（四）面料限定法

如果对单品的面料有特定要求，可先从面料入手，因为不同的面料具有不同的物理特性，故呈现出特定的风格特征。面料对于款式设计具有一定的制约作用，设计师要充分考虑面料的因素，选择适合特定面料的设计元素，对设计元素进行取舍与优化，使整体设计更加协调统一。

（五）装饰元素限定法

女装的流行瞬息万变，除了材料、色彩、造型等设计元素，一些具有装饰性和风格化的设计元素也会成为当季流行的主要元素，如古铜色纽扣、中国风图案、绗缝装饰、装饰织带、金属打孔、打结工艺等，这些元素对于造型元素的选择与设计具有一定的限定性。因此，先从装饰辅料、图案等元素入手，选择与之适配的设计内容，便不会偏离设计主题与风格，使设计更加贴近时尚流行趋势，整体性也更完好。

（六）技术设定与变更法

根据设计主题和流行趋势选择适合企业品牌特定单品的结构手法与制作工艺，如插角连袖结构、连身立领结构、镶边与盘扣、刺绣、印花、扎染、洗水与做旧工艺等；或对现有结构工艺进行改变，如将局部的省道转移或去掉，形成无省结构的设计；或将女装结构中的相邻纸样进行合并与整合，形成整片连裁的不规则设计等。总之，从技术的角度对特定单品进行设计与创新。

（七）夸张与重组法

将原有造型设计中的部分形态，如对局部造型进行极度夸张，或将不同单品的形式进行重新解构与组合，创造出全新的设计，如口袋裤、连体裤、背心裙、围巾领外套、男友衬衫等。

（八）逆向设计法

颠覆传统观念，利用逆向思维，将原有设计放在相反或相对的位置上进行换位思考，如局部造型的前后换位、里料与面料的换位、内衣外穿、左右换位，男装面料在女装设计中的应用、上下装局部造型元素的换位等，或从新的角度寻求解决问题的方法，如置入男性风格的女装设计、融入复古元素的现代主义设计等。

（九）加减法

增加或删减原有设计中多余的部分，形成繁复奢华或精致简约的设计效果。

（十）原型追踪法

以某事物为原型，以此类推，设计出与该事物相关的各种形态，应用到具体单品款式的设计中，这是在产品开发工作中一种快速而实用的设计方法。

二、女裙设计

女裙一般分为半裙和连衣裙。半裙是覆盖腰部以下的裙子，连衣裙是上衣和半裙相连的裙子。

（一）女裙分类

1.依据裙长的分类

根据长度的不同，裙子可以分为短裙、及膝裙、中长裙、长裙、及地裙（图9-1）。

图9-1 依据裙长的分类

（1）短裙：长度在膝盖以上，是比较适合年轻女性的裙子。

（2）及膝裙：长度在膝盖上下，适应面较广，是大多数女裙采用的长度。

（3）中长裙：长度在小腿肚中部，这个裙长使女性显得优雅端庄、稳重大方。

（4）长裙：长度在脚踝附近，裙长可以弥补腿部的缺点，拉长下身的整体比例，较好地展现裙子的款式造型、面料花型、装饰等设计元素。

（5）及地裙：长度及地，通常用于礼服裙设计。

2.依据裙子外形的分类

根据外部造型特征的不同，裙子可以分为紧身裙、直筒裙、斜裙、鱼尾裙、大摆裙（图9-2）。

图9-2 依据裙子外形的分类

（1）紧身裙：裙子的臀围松量很小，外形与人体贴合，裙摆收小，结构严谨，通过开衩提升裙子的活动性。

（2）直筒裙：裙子的整体造型与紧身裙相似，但裙摆围与臀围大小相同，臀围线以下呈直筒轮廓。

（3）斜裙：是将裙腰省转移至裙摆，外形呈"A"字状，结构简单，行走方便，动感较强。

（4）鱼尾裙：在人体膝盖以上合体，裙摆加大，行走时裙子外形似鱼尾摆动。

（5）大摆裙：是直接在整圆、半圆或3/4圆上进行结构设计，裙摆围更大，裙摆褶量均匀，造型优美。

3.依据裙子合体程度的分类

根据合体程度的不同，裙子可以分为合体裙和宽松裙。

西班牙女装品牌Delpozo的设计风格独树一帜，引领潮流，以其极富艺术性的结构与造型设计备受关注、深受好评，其中无论是合体设计还是宽松设计的女裙单品，都非常重视细节设计（图9-3）。

合体裙　　　　　　　　　　宽松裙

图9-3　依据裙子合体程度的分类

（二）局部细节设计

裙子的造型设计主要表现为通过长度与不同部位的松量设计形成形态各异的廓型，以及通过省道、分割线的设计与丰富多变的装饰造型手法，在衣领、肩部、衣袖、门襟、胸部、腰部、背部、裙摆等局部进行细节设计（图9-4）。

图9-4　女裙局部细节设计

设计时，需要根据品牌风格与流行趋势，结合当季女裙单品的具体要求开展设计工作（图9-5 ~ 图9-7）。

图9-5　半身裙款式设计图

图9-6　合体连衣裙款式设计图

图9-7　宽松连衣裙款式设计图

三、女衬衫设计

女衬衫是可以跨越季节界限的重要女装单品，既可作为秋冬时节的内搭单品，又可在春夏季节单独穿着；既可作为生活便装，也可作为日常社交单品。现今，女衬衫的款式逐渐打破传统款型的刻板印象，设计求新求变，制作加工技术也日趋先进与成熟，并融合多元化的设计元素与风格，以满足更多消费者的不同需求。

（一）女衬衫分类

根据款式特点与穿着场合，可以将女衬衫分为制式衬衫和时装衬衫两类（图9-8）。

制式衬衫　　　　　　　　　　　时装衬衫

图9-8　女衬衫的分类

1.制式衬衫

制式衬衫效仿男式衬衫的形制与主体结构特征，注重衬衫设计的实用性、功能性与严谨性，如保留企领与育克造型，多作为职业制服类单品，适用于正式社交与办公场合穿着。

2.时装衬衫

时装衬衫将实用性与装饰性相统一，穿着和应用范围更广，结合国际流行趋势，长度与廓型变化更为自由，融合多元文化与风格，运用刺绣、染色、镂空、荷叶边、不对称结构等设计手法，面料选择与穿着方式也更加多样化。

（二）女衬衫的廓型设计

设计师可以对女衬衫进行围度设计，也可以进行长度的自由设计，使之呈现不同的廓型与风格特征。

我们可以将女衬衫设计为宽松舒适、简洁干练的H型，放大下摆、自由浪漫的A型，合体收身、展现女性曲线的X型，休闲宽松、个性动感的T型，甚至不对称的自由廓型，也可以设计为活泼性感的齐腰长度，或与裙子结合，成为衬衫裙（图9-9）。

图9-9　女衬衫的廓型设计

（三）局部细节设计

1.领子设计

女衬衫的领子按照造型与结构可分为无领、立领、企领、翻领、平领、装饰领等。设计师应根据衬衫的整体风格进行细节设计（图9-10）。

图9-10　领子设计

2.袖子设计

女衬衫的袖子，按照长度可分为无袖、短袖、中袖和长袖等，按照结构特点可分为装袖、插肩袖和连袖等，按照造型特征可分为喇叭袖、膨体袖、直筒袖和异形袖等。设计师应根据衬衫的整体风格进行细节设计（图9-11）。

图9-11　袖子设计

3.局部结构创意与装饰造型

设计师可以运用不同的局部结构创意与装饰造型，在女衬衫的衣领、肩部、衣袖、门襟、胸部、腰部、背部、下摆等局部位置进行大胆设计（图9-12）。

图9-12　女衬衫局部细节设计

设计时，需要根据品牌风格与流行趋势，结合当季女衬衫单品的具体要求开展设计工作（图9-13）。

图9-13 女衬衫款式设计图

四、女外套设计

女外套通常指穿在衬衫、毛衫等内搭单品之外的上衣，根据风格与穿着场合，可以设计为不同的长度。

根据款型特点的不同，女外套可以分为夹克、西装、风衣、大衣等。

（一）夹克设计

夹克是一种不分年龄与性别的短外套，具有款式简约大方、时尚休闲、穿着舒适随意的特点，适应的场合与人群非常广泛。其标准样式为衣长较短、胸围较宽松、下摆与袖口有较紧收口的前开襟式设计，并配有拉链与暗扣等辅料元素。

作为兼具实用性与装饰性的年轻化时尚单品，夹克的造型日新月异、推陈出新，形式也不再拘泥于传统样式，与其他款型大胆结合，采用解构、拼接、混搭、做旧、破坏、涂鸦、印花等设计手法，并与不同文化与时尚元素巧妙融合，展现出多元化的风格与可变空间。

在进行夹克设计时，可通过长度与松量的控制，形成特定的廓型，通过结构与造型的大胆创新，采用新材料、新技术的手段，结合图案与装饰配件的设计组合，将先进的设计理念融入门襟、衣身、衣领、袖型、口袋、下摆与后背等局部细节，呈现出丰富的设计效果，从而满足更多消费群体的个性化需求（图9-14）。

图9-14 夹克局部细节设计

设计时，需要根据品牌风格与流行趋势，并结合当季夹克单品的具体要求开展设计工作（图9-15）。

图9-15 夹克款式设计图

（二）西装设计

西装因兼具经典与新潮的特点而受到女性青睐，成为都市白领商务办公、社交活动与时尚休闲的必备单品。

女西装造型保留了男西装的基本元素，如驳领、装袖与长度等，在设计上则更加注重女性的优雅之美，通常采用修身裁剪来塑造女性曲线。女西装除了经典的X型廓型外，还可以有其他廓型，如以干净利落的直线条为主要特点的H型；削窄肩部，加大下摆，对体型有很好包容性的A型；自由随意，动感时尚的宽大松身廓型。

女西装不但可以设计为时尚而经典的平驳领、精致高贵的戗驳领、温柔优雅的青果领，也可设计为温和别致的立领或连身领，如果在非正式场合穿着，还可以设计为休闲随意的无领西装。

女西装通常设计为合体的装袖结构，根据设计需要，可对肩袖造型适当调整，如宽肩造型、窄肩造型、插肩结构与连身结构等。

女西装面料的选择会根据季节和穿着场合而有所不同，通常采用羊毛、丝绸、涤纶等纯纺或混纺面料，除了经典的黑、白、灰与低饱和度色彩，高明度与高饱和度的色彩也成为女西装一道靓丽的风景线。

随着时尚的变化与风格多元化的流行趋势，女西装设计逐渐打破常规，强调单品设计的个性化细节，如根据不同时期的流行趋势，运用解构、落肩、撞色、极简、华丽装饰等手法，通过西装与其他单品搭配，形成或经典复古、或文艺极简、或青春运动、或民族时尚、或帅酷中性的个性化风格（图9-16）。

图9-16　女西装局部细节设计

　　设计时，需要根据品牌风格与流行趋势，结合当季女西装单品的具体要求开展设计工作（图9-17）。

图9-17　女西装款式设计图

（三）风衣设计

风衣的设计源于军装，是一种注重功能性与装饰性的款型服饰，基础元素有翻领、肩章、枪挡、防风片、腰带、袖带等。风衣作为当代女装设计的重要单品，除了保留其基本特征与中性化风格以外，经常融入一些女性化特征的设计元素，从经典的卡其色到各种流行色，从单一的斜纹华达呢到混纺、涂层、涤纶等各种功能性时装面料，从短款、中长款到长款，从传统的H型到强调女性身材曲线的修身廓型，从中规中矩的板型设计到个性化的结构设计甚至超长超大板型，从基础翻领到同各种领型的结合与创新，风衣从以防风防雨为主要目的的实用型服装逐渐发展为一种彰显个人魅力的时尚单品，设计风格也呈现出多样化与个性化的发展趋势。

在进行风衣的造型设计时，设计师通常借助面料花色、图案设计或个性化的装饰配件，在领型、袖型、肩部、口袋、腰部、下摆、后背等局部进行细节设计（图9-18）。

图9-18　风衣局部细节设计

设计时，需要根据品牌风格与流行趋势，结合当季风衣单品的具体要求开展设计工作（图9-19）。

图9-19　风衣款式设计图

（四）大衣设计

如果说风衣是春秋季节的必备单品，大衣则以其保暖性强与高品质的特点成为秋冬季节不可缺少的单品之一，其设计重点集中在面料选择、廓型设计、色彩搭配与细节设计四个方面。

1.面料选择

大衣因选用面料的纤维成分不同，所呈现的外观效果与穿着体验也不同。羊毛具有较好的质感，柔软不起球，垂感好；马海毛柔软丰满，具有天然的蓬松效果；澳毛轻盈柔软，温度调节性较好；羊绒保暖性强，抗皱能力好；羊驼毛光滑细腻，保暖防潮；骆驼绒垂感好，柔软蓬松，色泽高级……（图9-20）。

2.廓型设计

大衣的廓型设计非常重要。H型线条简洁干练，纵向垂感的裁剪可以从视觉上调整身材比例，修饰体型。H型大衣常采用双排扣、垫肩等元素。X型是最具女性特征的廓型，不仅展示腰线，也有助于削弱大衣的厚重感与沉闷感。A型具有下

羊毛	马海毛
澳毛	羊绒
羊驼毛	骆驼毛

图9-20　大衣常用面料

摆宽大的特点，对于肩部和臀部丰满的体型具有较好的收敛与修饰效果。O型，也叫作"茧型"，衣身中部蓬松自由，穿着舒适，慵懒随性的线条轮廓具有优雅复古、高级大气之美（图9-21）。

MaxMara是诞生于1951年的意大利品牌，其大衣优雅大气，裁剪精致，成为该品牌标志性的产品，尤其是具有时代感的经典Labbro大衣，适合出席各种通勤与商务场合，成为职场女性穿搭的模板（图9-22）。

图9-21　大衣廓型

图9-22　品牌MaxMara
的Labbro大衣

3.色彩搭配

大衣作为秋冬日常通勤出现频率最高的时尚单品，无论是经典的黑白灰、柔和梦幻的粉、冷峻神秘的蓝，还是热烈奔放的红等诸多色彩，在服装风格的表现与时尚趋势等方面都具有强烈的指向性。就大衣叠穿配色而言，可归纳为以下三种原则（图9-23）。

（1）三明治原则：即"深浅深"或"浅深浅"原则，使用最为广泛。

三明治原则　　　　　　　邻近色原则　　　　　　　色环图原则

图9-23　大衣叠穿配色的原则

（2）邻近色原则：即"深深浅""浅深深""浅浅深"或"深浅浅"原则。

（3）色环图原则：即"黑白灰+相近色"或"黑白灰+互补色"原则。

4.细节设计

大衣的造型设计除了通过规格与结构的设计形成特定的廓型特征外，还注重局部细节的造型设计。极简设计、多功能穿着设计、创意结构、解构重塑、空间褶皱、艺术拼接、参差边缘、线迹缝边、毛边效果、创意衣领、创意袖型、不对称设计、局部艺术刺绣、艺术印花、几何裁剪、精致包边等，都可能成为大衣整体设计的焦点（图9-24）。

图9-24　大衣局部细节设计

设计时，需要根据品牌风格与流行趋势，并结合当季女大衣单品的具体要求开展设计工作（图9-25）。

五、女裤设计

裤子在女装中的地位举足轻重，经历了20世纪60年代的"中庸裤"、70年代的喇叭裤、80年代的宽松裤到90年代的紧身裤的发展历程，裤子造型的变化几乎成了人们生活与时代的缩影，在这个设计与审美多元化盛行的时代，女裤设计逐渐打破传统的固有印象，寻求个性化与风格化。

图9-25　女大衣款式设计图

人体腰部、臀部、腿部的外观形态、结构特征以及下肢的活动规律等，都是影响服装造型和结构设计的重要因素。无论是裤子的外观造型还是内部结构设计，都以人体自身的形态与结构特征为基础。因此，在人体结构美学研究的基础上，对款式与板型的创新是女裤设计的重要内容。

（一）女裤分类

按照不同的标准，女裤可有不同的分类方法。

根据外形的不同，女裤分为宽松型、合体型和紧身型三类（图9-26）。

图9-26　根据女裤外形的分类

根据裤腰与人体腰部的对应关系不同，女裤分为高腰裤、中腰裤和低腰裤。

根据裤长不同，女裤分为短裤、中裤和长裤。

根据板型不同，女裤分为紧身打底裤、小脚裤、烟管裤、直筒裤、喇叭裤、哈伦裤、阔腿裤和阔腿裙裤等（图9-27）。

| 紧身打底裤 | 小脚裤 | 烟管裤 | 直筒裤 | 喇叭裤 | 哈伦裤 | 阔腿裤 | 阔腿裙裤 |

图9-27　根据女裤板型的分类

（二）局部细节设计

裤子造型由腰、臀、裤身、门里襟、裤脚、口袋、省道、褶裥等局部细节构成。对局部细节进行大胆设计创新，调整局部造型的大小与比例，既强调主次分明，又保持整体设计的统一性，是女裤造型设计的关键（图9-28）。

图9-28

图9-28　女裤的局部细节设计

　　在设计女装造型时，除了考虑人体结构因素以外，还要考虑穿着对象所处的地域环境、文化背景、体型特征、身份、职业、年龄、内在个性、气质、穿着场合、流行因素等，这些都会影响女裤单品具体的设计方向与最终效果。设计师需要积累经验，把握尺度，充分考虑品牌自身的风格定位，结合当下流行、市场定位、全盘产品结构与上下单品的整体搭配，设计出贴合市场、满足消费者个性化需求的产品。

　　设计时，需要根据品牌风格与流行趋势，并结合当季女裤单品的具体要求开展设计工作（图9-29）。

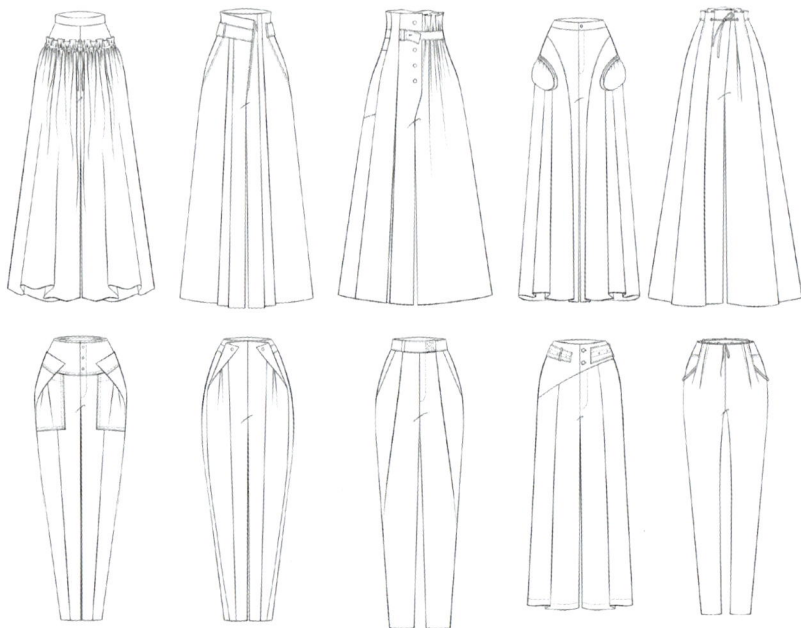

图9-29　女裤款式设计图

课题名称：系列设计

课题内容：1.什么是系列设计

2.设计定位的内容

3.如何描述设计说明

4 绘制设计草图

5.单品的筛选与优化

6.系列设计的平面表现

7.系列设计的立体表现

课题时间：8课时

教学目的：理解系列设计的意义与特点，了解设计定位的内容，熟悉系列设计的
具体内容与表现方法。

教学方式：案例分析与课堂训练。

本章重点：1.单品的筛选与优化。

2.绘制系列设计效果图。

一、什么是系列设计

系列化是生活与美学相结合的产物。

系列设计，指根据某一特定的主题，通过具有相同或相似的元素，以一定的次序和内部关联性构成的各自完整且相互联系的一组设计。系列设计不仅强调每套服装各自独特的设计特点，更注重在共同设计主题下形成的统一鲜明的设计风格，通过一个或多个共同设计要素，以不同的表现形式呈现在不同的服装中，形成深化主题、层次分明、和谐有趣、变化丰富的美感特征，这也是系列设计的核心内容。

因设计的需要，系列设计的服装套数有所不同，小系列一般为3~4套，中系列为5~8套，大系列可达到9套及以上。

一个完整的系列设计，通常先是从一个特定的设计主题与灵感来源入手，提炼出相对具体的设计要素（如造型、色彩、面料、装饰与搭配等），再将不同设计要素以变化且有序的方式，在每套设计中进行合理的排列与组合，最后形成一组具有统一的艺术风格与表现形式的设计方案（图10-1）。

● 色彩运用

● 图案提炼

● 中国风元素的运用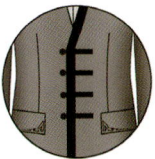

拉襻与包扣　　连袖结构　　中式盘扣　　立领与几何印花图案　　镶边

● 细节设计

"7"字标志领口镶边　　门襟镶边贴袋转角几何印花　　插口异色装饰嵌线　　后开衩设计　　可拆卸帽领　　定制拉链头

图10-1　系列设计方案

二、设计定位的内容

随着人们的服装需求与消费观念的改变，个性消费与情感消费成为必然，设计师需要充分了解消费群体的各种需求，平衡设计与需求之间的关系，对系列设计产品进行准确的定位。

设计定位通常包括消费群体、产品类型、设计风格、产品营销、发展规划等内容。对于设计师而言，系列设计的定位主要侧重消费群体、产品类型与设计风格三个内容（图10-2）。

设计定位

● 消费群体定位（如性别、年龄、职业特点、经济状况、文化程度、穿着场合、生活状态、文化习俗等）

● 产品类型定位（如产品形式、价格与档次、生产批量等）

● 设计风格定位（如中国风、干练简约、柔美浪漫、个性前卫等）

● 产品营销定位（如市场定位、推广策略、销售场所等）

● 发展规划定位（如产品评价、发展目标等）

图10-2　设计定位的内容

三、如何描述设计说明

（一）设计说明的内容

一般来讲，系列的设计说明可以从以下三个方面来逐层递进地说明。

首先，需要交代清楚系列设计的灵感来源；其次，介绍在系列设计的过程中，对造型、面料、色彩、图案、工艺等主要设计元素的运用；最后，总结与提炼作品的设计初衷与设计理念，切入设计主题。

（二）案例

以《错位》系列设计为例，描述设计说明（图10-3）。

设计灵感源于现代人对穿衣概念的复杂理解，将真丝、棉麻等不同质感与肌理的面料进行对比，将水墨晕染、蜡染工艺与西式裁剪技术结合，利用不对称裁剪、层叠穿插，衬衫外套混搭变形，形成错位重组的解构主义手法，诠释在如今玲珑多变的时尚世界里，人们对服装的个性化选择与偶尔的茫然无措。

图10-3　系列设计

四、绘制设计草图

设计草图是快速表达设计意图最有效的方式，是将抽象变为具象的思维过程，同时也是发现、思考与创造的过程，在整个设计过程中有着非常重要的作用。

确定设计灵感和设计定位之后，设计师将脑海中与设计主题相关联的、抽象而无序的画面，进行加工与整理，以手绘设计草图的形式快速准确地记录下来。在记录过程中，一些不确定性的线条和简单的色彩会激发出设计师更多的想象力，从而产生新的创意与想象（图10-4）。

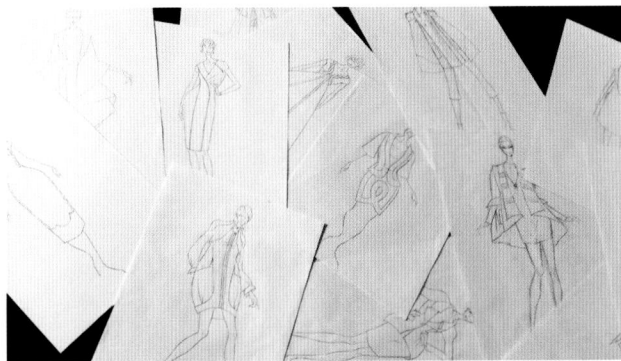

图10-4　绘制设计草图

一般来说，设计草图的设计数量至少是系列设计总数的两倍及以上。

五、单品的筛选与优化

系列中的单一产品具有相对独立的属性。单品的筛选与优化，一般指先从草图中筛选出比较满意的设计；然后考虑材料、工艺、搭配效果等因素，按照设定的框架体系对设计进行优化，再继续整合与拓展出更多的系列单品；最后从设计主题与整体风格的角度，逐一调整每个单品的局部细节，使系列设计的整体形象趋于完整（图10-5）。

图10-5

图10-5　单品的筛选与优化

六、系列设计的平面表现

在众多设计草图中，对经过筛选、优化、整合与拓展出的单品进行合理的成套组合，制订色彩与面料方案，运用手绘或电脑软件绘制出系列设计效果图或平面款式图（图10-6）。

图10-6 系列设计效果图

七、系列设计的立体表现

系列设计的立体表现是从平面到立体转化的过程，也是将系列服装进行二次设计的过程，更是对系列的整体设计做出客观、合理评价的重要依据。

（一）立体表现的形式

系列设计的立体表现形式可以用坯布，通过立体造型手段呈现系列服装立体的视觉形态（图10-7），也可以选用实际面料制作成品，直观地展示系列设计最终的完整效果（图10-8）。

图10-7 系列设计的立体造型

图10-8　系列设计的成品效果

（二）案例解析

1.设计要求

以宋代画家王希孟的青绿山水画《千里江山图》为灵感，提取绘画的"形、色、意"，完成一组短袖合体连衣裙系列的拓展设计。

2.设计说明

将当下的流行色与中国青绿山水的设色结合，以石青、石绿为主色，以石黄、赭石等为辅色形成自然过渡，并根据造型的变化特点，图案在裙摆处若隐若现，两种面料在衣身局部形成相互穿插与叠透的装饰效果，呈现出自然山水和艺术表达的俊俏与秀丽共存、柔和与刚毅同生之美感。

3.平面表现

绘制设计草图，经过修改与调整，最终形成由三款合体类连衣裙构成的系列设计，根据色彩与面料方案，运用手绘或电脑软件绘制出系列设计效果图或平面款式图（图10-9）。

图10-9　平面款式图

4.立体表现

运用立体裁剪的方式将系列设计图进行立体呈现，在整体造型与结构处理上，将不同形态的线条，与省道、不对称分割等结构进行关联，局部形成内外分体的连接设计，营造丰富变化的节奏感，同时形成极具装饰性的细节设计。整体设计上，力求将系列设计的艺术性与实用性结合，展现以合体结构为主的西式裁剪技术与中国写意式的意象表达方式的完美融合（图10–10）。

图10–10 立体表现

本模块设定了三个设计主题，三个章节分别对应中国传统风格、都市风格、个性风格三种主流风格，以真实的设计案例，完整展现了女装系列设计的全过程，并对相关拓展知识进行详细的分析。

第十一章 中国传统风格系列设计

课题名称: 中国传统风格系列设计

课题内容: 1.案例一"青绿江南"

2.案例二"月下蹄莲"

课题时间: 16课时

教学目的: 针对既定的设计主题,进行中国传统风格系列的设计与实训,掌握中国
传统风格系列设计的方法。

教学方式: 主题设计与专业实训。

本章重点: 1.设计主题的分析理解与设计灵感的表现方法。

2.绘制设计草图与单品设计款式图。

3.系列设计的平面与成品表现。

4.系列设计过程的总结分析。

中国传统风格，即中国风，是建立在中国传统文化的基础上，蕴含中国元素的艺术风格与形式。

随着艺术形式的多样化与国际化，不同国家与民族的文化相互融合渗透，无论是音乐、舞蹈、文学，还是平面设计、工艺品设计、服装设计等不同设计领域，"中国风"越来越受到设计师们的青睐，在国际秀场上也出现了许多中国元素与现代时尚设计相结合的服装设计作品。

一、案例一"青绿江南"

（一）设计灵感

江南小镇，烟雨古桥，苏堤春晓，柳浪闻莺，白墙灰瓦，一尘不染。自古以来，中国的文人骚客痴醉于江南之美，"春水碧于天，画船听雨眠"，这是世人渴望的一份闲情快意。"江南"已不再是一个地理的概念，而是一种浪漫情怀。

（二）灵感板

根据设计灵感，分别制作主题灵感板、面料灵感板、色彩灵感板和造型灵感板（图11-1）。

主题灵感板　　　　　　　　　　　　面料灵感板

色彩灵感板　　　　　　　　　　　　造型灵感板

图11-1　灵感板

（三）拓展知识

1.写意中国画

中国画从表现技法上可以分为工笔、写意、工兼写三种。

工笔画，注重线条的表现力，画面精雕细刻，工整细腻。写意画，则最能代表中国绘画的精神与特色，运用简练的笔法进行描绘，注重作者的情感表达，纵笔挥洒，墨彩飞扬。

在以"江南"为题材的中国写意绘画中，吴冠中的"江南水乡"系列，运用点、线、面、色进行画面组织，简洁生动地表现了初春新绿、薄薄雾霭、水边村舍、黑瓦白墙的江南小镇，色调和谐清新，体现了宁静淡泊的自然境界，画面富有节奏感和韵律感，具有一种抒情诗般的感染力（图11-2）。

2.斜裁技术

斜裁，作为一种独特的裁剪技术，以"重力引导设计"为原则，最大限度地借助面料重力与经纬纱线角度转移的相互作用力而产生自然悬垂状态，表现人体形态的自然之美或款式柔美灵动的造型之美，多用于高级定制或高级成衣设计中。通过斜裁，可突破传统裁剪方式对结构设计的限制，拓宽服装空间设计的可能性（图11-3）。

3.相关设计作品

中国独立设计师陈采尼2023年的高级定制礼服作品，以江南园林为灵感，运用青花瓷的蓝白两色，融合非遗苏绣技艺，由苏绣非遗传承人及五十余名匠人耗时半年完成。作品古典精致、秀丽华美（图11-4）。

图11-2 吴冠中的"江南水乡"系列

图11-3 斜裁技术在女装设计中的运用

图11-4 陈采尼2023年高级定制礼服作品

（四）设计定位

1.产品品类定位

以半身裙和连衣裙为核心的时尚女性日常生活装，选用真丝面料，局部中国写意手绘，将中国元素与现代西式斜裁技术相结合。

2.消费群体定位

消费群体为不盲目追随流行，不受消费主义的左右，对东方传统文化有着独立思考的城市女性群体。

3.营销策略定位

（1）零售点结合中国传统文化进行体验营销（如中国书法、中国绘画或非遗手工艺体验等），获得目标消费群体的文化认同，让消费群体感知"青绿江南"的意境之美。

（2）讲述产品背后的灵感故事和制作过程，引起消费群体的价值共鸣，让其深度了解产品的开发思路，得到目标群体的价值认同。

（3）与文化类行业领域中有知名度和影响力的人物或账号进行合作，精准定位喜爱东方文化的群体。

（五）设计说明

系列设计以"青绿江南"为设计灵感，将中国绘画中特有的矿物色石青、石绿作为主色，运用中国写意水墨画技法，在领口、衣摆和裙摆处进行图案绘画，表现出江南小镇古朴娴静的美好意境，采用柔软亲肤与轻盈垂坠的真丝建宏绉，结合西式斜裁技术，凸显东方女性成熟、含蓄、内敛的形象与气质。

（六）设计草图

绘制设计草图（图11-5）。

图11-5

图11-5　设计草图

（七）单品设计款式图

对设计草图进行整理与优化，局部设计江南建筑题材的写意水墨手绘装饰，最终形成五套裙装单品（图11-6）。

第一套

第二套

第三套

第四套

第五套

图11-6　单品设计款式图

第一套为不对称合体连衣裙，运用斜裁技术与立体造型塑造女性的柔美曲线，增加左肩余量，手工固定彩色木珠，单侧形成向下整片连裁的荷叶造型，另一侧裙摆手绘图案装饰。

第二套为不对称合体连衣裙，不对称曲线分割塑造女性胸腰曲线，裙摆放量，形成上下造型对比的视觉效果，前领口手绘图案装饰，突出设计亮点。

第三套为不对称合体连衣裙，设计为不对称方型领口，不规则的鱼尾裙摆用手绘图案进行装饰，运用斜裁技术与立体造型塑造女性的柔美曲线。

第四套为对称合体裙套装，深V的领口，胸下围的布料余量分割部位用彩色木珠装饰固定，形成束胸放摆的造型，衣摆手绘图案装饰。长短变化的不规则裙摆与上衣廓型上下呼应，整体造型松弛有度、温婉灵动。

第五套为对称合体连衣裙，大荷叶领与衣身袖窿自然连接，插角结构增加裙摆，与荷叶领的波浪相互映衬、一气呵成。腰间系绳束腰设计，凸显人体曲线，裙摆手绘图案装饰。

（八）系列设计效果图

选择合适的女性人体动态，绘制系列设计效果图（图11-7）。

图11-7　系列设计效果图

（九）系列成品的整体效果

选用真实的面料制作成品，直观地展示系列设计最终的整体效果（图11-8）。

图11-8　系列成品的整体效果

（十）设计总结

1.巧妙的省道与细节设计

利用法式省、前中省和抽褶等方式形成丰富创意的省道设计，塑造女性的柔美曲线，荷叶领细节设计灵动含蓄、层次丰富（图11-9）。

图11-9　巧妙的省道与细节设计

2.创意斜裁技术

该系列采用45°斜裁技术最大限度发掘面料的伸缩性和柔韧性，塑造人体曲线，对裙身结构进行二次创新（图11-10）。

图11-10 创意斜裁技术

二、案例二"月下蹄莲"

（一）设计灵感

马蹄莲的花语代表永恒、优雅、高贵、希望、高洁、纯洁无瑕的爱，有诗人曾用"蕙蕊秉烛玉泪垂，纤纤素手举银杯"形容马蹄莲之美。

以"月下蹄莲"作为设计灵感，作品通过创意立裁手法与局部立体花瓣造型表现蹄莲形神之美，搭配苎麻真丝、压褶肌理棉麻与水墨印花的薄纱面料，营造出一种古典温婉的东方浪漫。

（二）灵感板

根据设计主题与灵感，分别制作主题灵感板、面料灵感板、色彩灵感板和造型灵感板（图11-11）。

主题灵感板

面料灵感板

色彩灵感板

造型灵感板

图11-11 灵感板

（三）拓展知识

1.立体贴花工艺

立体贴花工艺是使用不同材料和技术，将图案或装饰物制作成具有立体效果的贴花。立体贴花常见的固定方法为缝制或粘贴，固定时可根据设计需求，将贴花制作成可拆卸的、可替换的装饰部件，以增加服装的实用性和多变性。此外，为了增加贴花的美观度和视觉效果，也可以在贴花上添加刺绣、珠片、亮片等装饰细节。立体贴花工艺的使用范围极广，常运用于纺织品、服装和装饰品上，相较于日常成衣，在晚礼服及婚礼服中较为常见（图11-12）。

图11-12　立体贴花在礼服中的运用

2.立体花朵造型手法

将立体裁剪手法制作的立体花朵运用于女装设计中，可以增加设计的层次与立体感。

（1）曲线折叠造型法：将布料按照特定的方式进行曲线折叠和固定，创造出各种不同的立体效果，常用于风格独特、设计感较强的服装。曲线折叠造型既能形成局部肌理效果，又能通过局部立体造型解决服装结构方面的问题。其技术难点在于：一是对折叠造型的把握，二是布料在折叠过程中平整性的保持，要求设计师具备较丰富的造型技术和经验（图11-13）。

图11-13　曲线折叠造型法

（2）堆扎造型法：将多片布料相互堆叠，创造出具有特定形状和体积感的局部造型，在服装上形成立体的褶皱、层次感或装饰性的堆叠效果。堆扎手法可分为两种，一种是按照事先画好并有一定规律可循的局部堆扎而形成局部造型的肌理设计；另一种是按照造型设计进行手工堆缀，形成随机而丰富的视觉效果（图11-14）。

图11-14　堆扎造型法

（3）抽缩造型法：适合偏薄面料，通过手针疏缝、抽绳拉紧或橡皮筋弹力回缩等方式，将面料收紧聚拢，形成服装外表凸凹不平的视觉效果（图11-15）。

（4）打褶造型法：将布料或纸张等材料按照特定的方式进行折叠或压痕，再使用缝纫、胶粘等方法进行固定，形成一种褶皱效果的局部立体造型方法（图11-16）。

图11-15　抽缩造型法　　　　　　　　　　图11-16　打褶造型法

（四）设计定位

1.产品品类定位

以外套作为核心品类的春一波系列，通过连衣裙和阔腿裤搭配，打造出新一代东方女性形象。

2.消费群体定位

消费群体为自信独立、有一定审美水平与品位的城市独立女性。

3.营销策略定位

（1）选择具有文化氛围的核心商圈，主动走进目标群体的生活半径，通过时尚展览的形式吸引目标群体，输出产品文化，获取消费认可。

（2）与具有代表性的消费群体进行合作，通过沙龙分享、读书会、小型发布会等形式，与目标群体建立信任关系，达到高效营销的效果。

（五）设计说明

以月下盛开的马蹄莲为灵感来源，运用不对称解构设计手法和结构化立裁的工艺手法塑造服装廓型，使服装形态线条体现出变化丰富的效果。在传统的中式立领基础上变化，对领口、门襟、腰部和下摆进行解构与二次创新，运用花朵造型、局部面料堆扎等手法对服装局部进行立体表现，运用苎麻真丝、水墨印花薄纱、压褶肌理棉麻面料体现独特的中式东方美学，展现潇洒自信、美丽盛放的新一代东方女性形象。

（六）设计草图

绘制设计草图（图11-17）。

图11-17　设计草图

（七）单品设计款式图

系列设计共计四套，每套均由不同品类的单品构成（图11-18）。

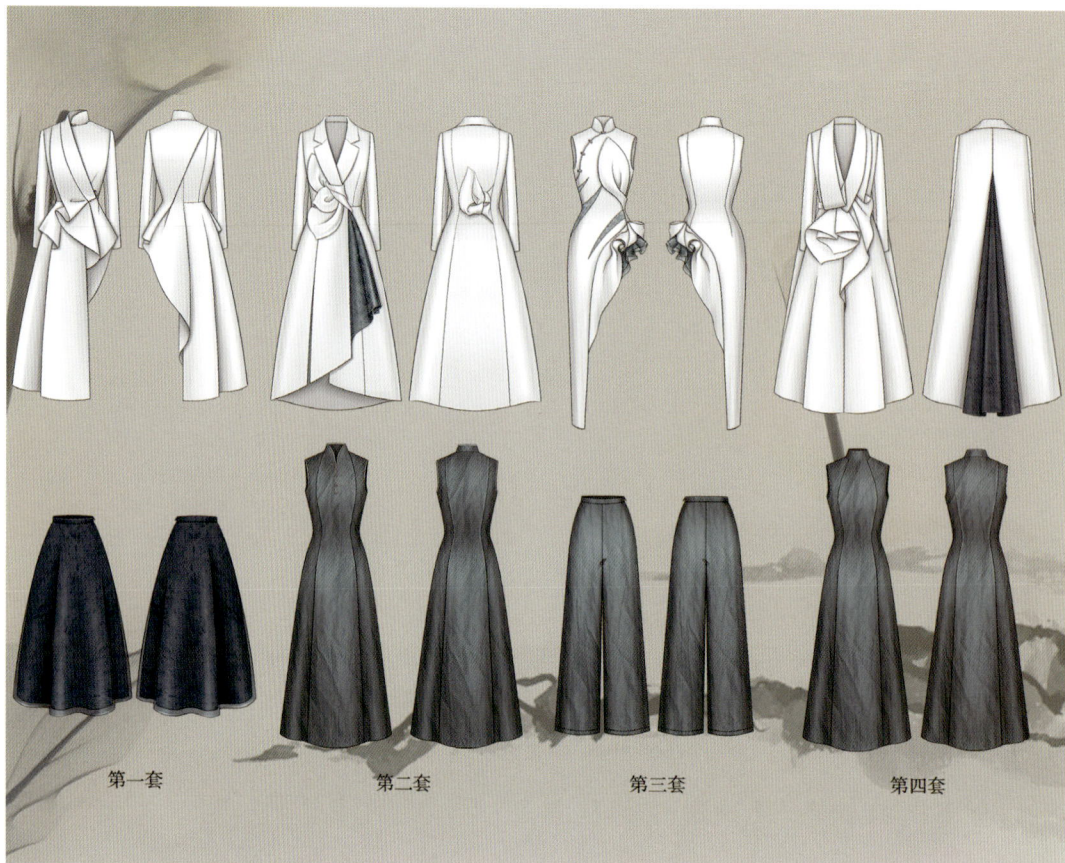

图11-18　单品设计款式图

　　第一套为上下装单品搭配，外套为合体造型，通过立体裁剪呈现不对称的立领、门襟和衣摆形态，整体设计强化不对称分割的美感，腰部设计马蹄莲立体花朵造型切入主题。下装搭配水墨印花薄纱面料大摆裙，通过内外形成一遮一透、一静一动的对比效果，整体造型丰富灵动。

　　第二套为内外单品搭配，不对称设计，外套采用具有光泽的白色真丝苎麻拼接水墨印花薄纱，运用立裁技法在腰间和后背做出立体的马蹄莲花朵局部造型，内搭墨青色中式立领压褶肌理棉麻长裙。

　　第三套为上下装单品搭配，上装保留中式立领与斜襟的旗袍元素，不对称斜摆极具设计感，在胸前装饰马蹄莲立体花瓣造型，胯部双层打褶花边设计凸显胯部的线条。下装为压褶肌理棉麻阔腿裤，上下造型形成对比。

　　第四套为内外单品搭配，上装为低V领设计外套，在腰部运用立体裁剪塑造出马蹄莲的花朵形态，丰富了外套的层次感，后背拼接一片水墨印花薄纱，塑造出A廓型特征。内搭立领盘扣无袖长款连衣裙，丰富了整体设计的层次感与体积感。

（八）系列设计效果图

　　选择合适的女性人体动态，绘制系列设计效果图（图11-19）。

图11-19　系列设计效果图

（九）系列成品的整体效果

选用真实的面料制作成品，直观地展示系列设计最终的整体效果（图11-20）。

图11-20　系列成品的整体效果

（十）设计总结

1.立体花型

将马蹄莲花朵进行抽象与简化，运用立体裁剪的手法，在腰、背等部位塑造自然仿生的局部立体造型，使之与服装整体结构造型线巧妙融为一体，立体花型的塑造对设计师的审美和立裁技术有较高的要求（图11-21）。

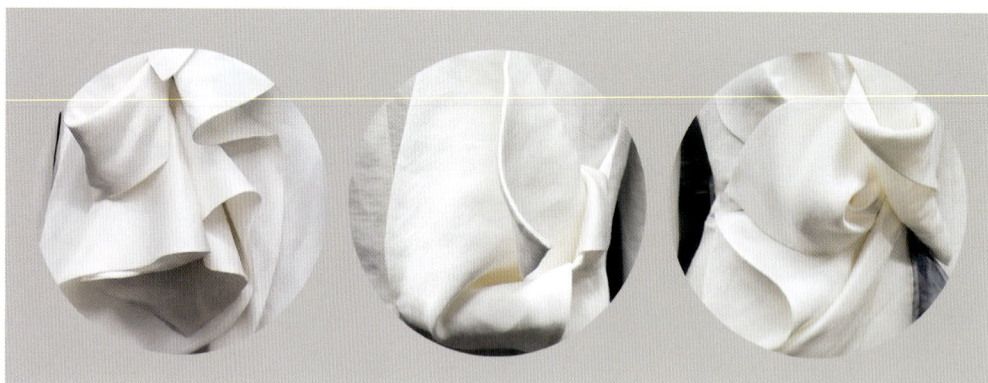

图11-21　立体花型

2.叠褶设计

叠褶设计的立体花瓣边缘，在服装腰部、门襟和底边进行装饰点缀，造型自然柔美，丰富了整体设计的立体感与层次感（图11-22）。

图11-22　叠褶设计

3.中式元素

系列设计运用了立领、斜襟、盘扣、开衩等中式元素，并结合流行趋势进行适度创意设计（图11-23）。

图11-23　中式元素

课题名称：都市风格系列设计

课题内容：1. 案例一"爱"

2. 案例二"品尚"

课题时间：16课时

教学目的：针对既定的设计主题进行都市风格系列的设计与实训，掌握都市风格
系列设计的方法。

教学方式：主题设计与专业实训。

本章重点：1.设计主题的分析理解与设计灵感的表现方法。

2.绘制设计草图与单品设计款式图。

3.系列设计的平面与成品表现。

4.系列设计过程的总结分析。

　　都市风格是一个比较包容的风格类型，包括瑞丽风格、通勤风格、百搭风格、简约风格等。都市风格强调简洁、实用与时尚，设计上尽量减少过多的装饰，突出服装的线条和剪裁，注重细节设计，色彩搭配灵活，单品之间可自由搭配，适合工作或日常穿着，设计上力求展现着装者的活力与自信的生活态度。

一、案例一"爱"

（一）设计灵感

　　"爱"是一个永恒的话题，也是人类最基本的情感需求，是可以给人满足感、幸福感和归属感的复杂情感体验，也是非常个性化的感受，包括情感、承诺和行动三个核心要素，通常与尊重、陪伴、奉献、付出、宽容、守护、理解、信任等联系在一起。在不同的文化、背景和社会环境下，对"爱"的定义和表达方式各不相同。

（二）灵感板

　　根据设计主题与灵感，分别制作主题灵感板、面料灵感板、色彩灵感板和造型灵感板（图12-1）。

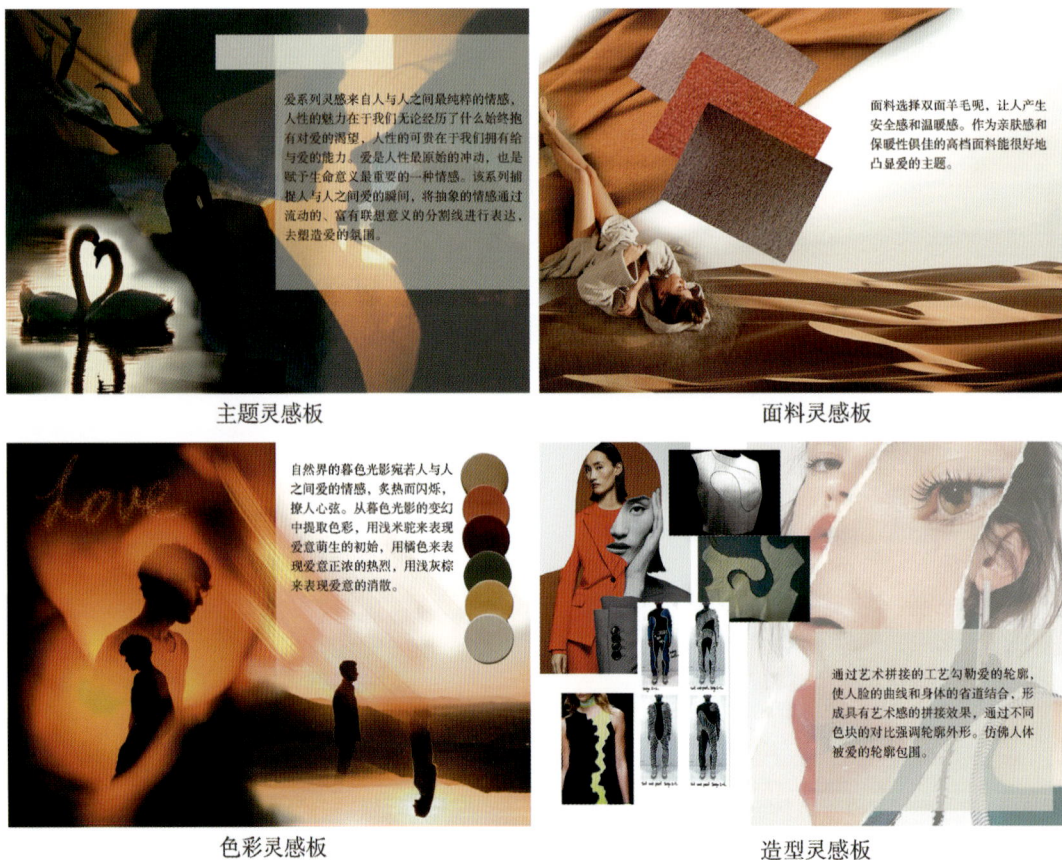

主题灵感板　　　　　　　　　　面料灵感板

色彩灵感板　　　　　　　　　　造型灵感板

图12-1　灵感板

（三）拓展知识

1.拼布艺术

出于物尽其用的原则和对废余布料循环使用的生活习俗，过去民间一直有利用剩余的布头来制作衣物的习惯，即将一些零碎的布块按照特定的图形或构图形式进行拼接与缝制。在中国，拼布艺术早期以百衲衣形式出现。百衲衣，盛行于明代，因色彩交错形如水田，又称"水田衣"，是一种以各色零碎布块拼合缝制成的服装。

如图12-2所示，这是19世纪晚期的民间彩色缎百衲窄袖女袄，圆领、大襟配以直袖，总共由六种色缎拼接而成，衣领、大襟、袖口、下摆和开衩处镶黑缎宽边，上绣蝙蝠缠枝花纹样。

图12-2　民间彩色缎百衲窄袖女袄
（北京服装学院民族服饰博物馆藏）

2.艺术拼接

作为一种独特的设计手段，艺术拼接有补、缀、纳、拼、贴、堆、镶、缝等技法。

深浅不同的同色系拼接，色彩互相穿插，给人一种安静又愉悦的感觉。对比清晰的邻近色拼接，色彩变化丰富有活力，给人一种稳定的动感（图12-3）。

图12-3　艺术拼接

（四）设计定位

1.产品品类定位

以都市通勤裙（套）装作为核心品类。

2.消费群体定位

消费群体为成熟、知性、独立、自信、受过良好教育、有品位、热爱生活的都市时尚女性群体。

3.营销策略定位

（1）通过线上或线下的客户圈层交流，对产品的风格形象与品牌服务进行口碑营销，获取受众消费群体的信任，消费转换率高。

（2）通过不同媒体的短视频或图文形式，宣传当季设计的主题，引起消费群体的情感共鸣。

（五）设计说明

以"爱"为设计灵感，选用兼具保暖性和时尚性的羊毛针织面料，通过温暖的橘色系色彩与低饱和度的浅米色组合，运用曲线分割拼接形成人物侧脸轮廓，表达了温暖、缠绵、连接、流动等寓意，力求作品具有时尚感与包容性。

（六）设计草图

绘制服装设计草图，从中选择最符合系列主题效果的设计进行优化与修改（图12-4）。

图12-4　设计草图

（七）单品设计款式图

系列设计共计八套，每套由不同品类的单品构成（图12-5）。

图12-5　单品设计款式图

第一套为无袖宽松连衣裙，O型小圆领贴合颈根，精致典雅，曲线分割与艺术拼色结合，设计流畅、自然、巧妙，实用的隐形口袋体现了设计的功能性。

第二套为合体连衣裙，曲线分割与面料拼色结合，巧妙地形成前胸的绞花图案，兼具时尚性与实穿性。

第三套由长袖合体上衣与A形摆半身裙构成，上、下单品既可单穿，也可成套搭配。上衣结构分割线形成相对的人像侧脸轮廓图案，不同色彩的面料以Z形线条构成拼色图案，裙子下摆长至小腿中部。

第四套为V领无袖合体连衣裙，上衣结构分割线与色彩拼接巧妙结合，形成对称的人像侧脸轮廓图案，造型线的形式与比例处理别具匠心。

第五套由中袖合体上衣与紧身半身裙构成，上衣为V领半插肩中袖，圆润的肩部造型、弧线衣摆与艺术拼接的曲线分割巧妙结合，设计巧妙，可穿性极强。

第六套为V领中袖宽松连衣裙，左右不对称曲线分割线巧妙地与不同色彩的艺术拼接结合，形成的人物侧脸轮廓图案线条流畅舒展，艺术性极强。

第七套为连身立领宽松中长连衣裙，窄肩、盖肩短袖设计，呈现上小下大的A廓型，分割线与自然流畅的艺术拼色结合，展现整体设计的曲线美。

第八套为V领无袖鱼尾连衣裙，曲线分割与艺术拼色巧妙结合，独特时尚，个性十足。

（八）系列设计效果图

选择合适的女性人体动态，绘制系列设计效果图（图12-6）。

图12-6　系列设计效果图

（九）系列成品的整体效果

选用真实的面料制作成品，直观地展示系列设计最终的整体效果（图12-7）。

图12-7　系列成品的整体效果

（十）设计总结

1.艺术拼接

设计师采用暖橘色、浅米色、驼色等不同色彩、相同质地的面料进行曲线变化的艺术拼接，通过同色系不同明度变化的色彩对比形成变化丰富的图案形式，线条流畅，富有节奏感（图12-8）。

2.分割线设计

设计师对服装分割线进行了艺术化处理，流畅的弧线与前、后衣片的省道设计结合，外加人物侧脸轮廓图案设计，

图12-8　艺术拼接

增加了服装结构设计的艺术性与巧妙性，用极为含蓄内敛的设计语言表达"爱"的设计主题（图12-9）。

3.曲线裁剪

饱满圆润的曲线裁剪成为服装廓型与内结构线的主要造型特征，线条流畅舒展、温婉大气（图12-10）。

4.象征设计

经过艺术处理，将彼此凝望的人脸轮廓设计为抽象图案，结合服装前、后衣片分割线的位置进行巧妙设计，带给人们丰富的想象空间，生动地诠释了爱的主题（图12-11）。

二、案例二"品尚"

（一）设计灵感

品尚，既代表了现代女性独特的个人品位，也是在新时代背景下，独立自信的都市白领的一种审美体验。

在现代科技与信息技术快速发展的今天，城市建筑简约有力，现代女性自信独立。本系列作品尝试用立裁技术探求结构创新的未知边界，诠释都市女性的生活方式和时尚态度，追求简约、时尚、前卫的东方实用美学。

（二）灵感板

根据设计主题与灵感，分别制作主题灵感板、面料灵感板、色彩灵感板和造型灵感板（图12-12）。

图12-9　分割线设计

图12-10　曲线裁剪

图12-11　象征设计

主题灵感板

面料灵感板

色彩灵感板

造型灵感板

图12-12   灵感板

（三）拓展知识

1.羊绒面料

羊绒面料主要由羊绒和羊毛混合制成，依照国家标准，纯羊绒面料羊毛含绒量在95%以上，羊绒面料羊毛含绒量在30%以上。羊绒面料具有极佳的保暖性和透气性，柔软、悬垂、挺括、细腻，能够满足不同场合的穿着需求。

MaxMara品牌的冬季大衣面料均以羊绒为主，其中的经典单品Ludmilla无纽扣系腰式浴袍款选用水波纹双层纯羊绒，表面具有立体水波纹纹路，光泽感深邃，手感柔软细腻，又不失垂坠感，品质感极佳（图12-13）。

Giada品牌的冬季大衣对羊绒面料进行染色或拼接处理，打破了传统大衣的结构形式，满足穿着功能的同时又具备创新设计感（图12-14）。

图12-13   品牌MaxMara的Ludmilla羊绒大衣

图12-14　品牌Giada羊绒大衣

2.建筑元素

如今，建筑与时尚相互跨界已不是新鲜事，如将建筑中的几何形状、线条、色彩等元素与服装的廓型、肌理和色彩结合，还可以利用光影下的建筑错视效果来增加服装的层次感和立体感。

时装业巨头詹弗兰科·费雷（Gianfranco Ferré）和皮埃尔·巴尔曼（Pierre Balmain）在其服装设计作品中融入了大量建筑元素，从现代主义建筑、未来主义建筑中获取灵感，从利落的建筑立体外观和线条入手，将其轮廓效果融入服装廓型或者解构设计之中（图12-15）。

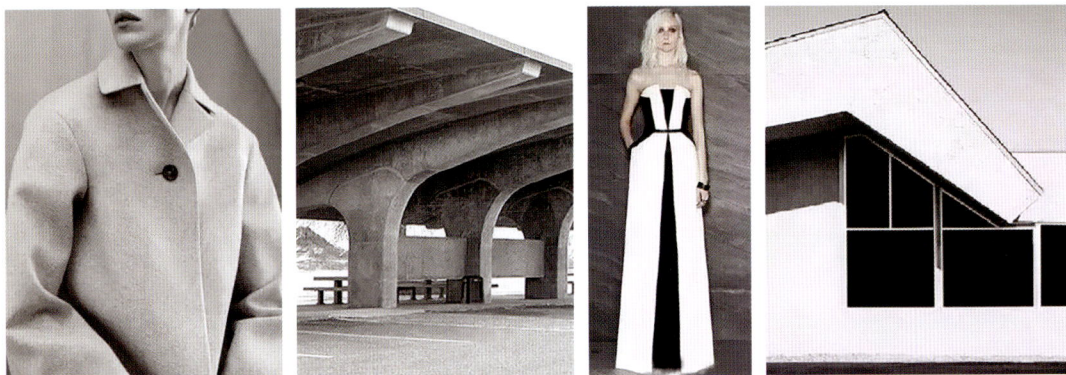

图12-15　服装设计与建筑元素结合

大量古希腊、洛可可、巴洛克时期的建筑……，服装设计师可以从这些古典建筑中提取图案肌理元素、色彩元素。如Mary Katrantzou品牌的2011年春夏系列，以建筑印花为设计元素，直接用图案在服装表面营造出建筑空间感（图12-16）。

3.分割与拼接

将不同的材料、颜色、纹理等元素，通过面料的分割与拼接组合，增加设计的独特性和趣味性，是现代时装设计中广泛应用的设计手法之一。设计师可以运用不同的材质、不同色彩的面料，通过相互拼接

图12-16　品牌Mary Katrantzou 2011年春夏系列

塑造出独特的肌理效果，增加服装的层次感和立体感，从而突出服装设计主题，为观者带来独特的视觉体验（图12-17）。

图12-17 分割与拼接

（四）设计定位

1.产品品类定位

以秋冬波段的通勤连衣裙、外套与组合套装作为核心品类。

2.消费群体定位

消费群体为25~45岁之间，受过一定文化教育，有一定事业基础与经济基础，成熟、优雅、知性，对时尚有独特见解，懂得表达自我和强调自我的新时代女性。

3.营销策略定位

（1）通过社交媒体、线上平台或新媒体与文化类节目的代表人物进行合作，吸引目标消费群体的关注。

（2）以独立女性时尚主题沙龙为载体，邀请粉丝们在社交媒体上分享时尚观念，扩大品牌影响力，吸引更多的目标消费群体。

（3）让消费者亲身体验产品，在试穿环节中提供专业的选衣搭配建议，这不仅可以增加消费者的购买意愿，还可以在试穿过程中感受新产品带来的独特体验。

（五）设计说明

以现代建筑的结构与简约的外观作为系列设计的灵感，结合当代女性独立自主的生活理念，采用立体裁剪技术探求服装结构创新的未知边界，通过服装诠释一种现代都市女性的生活方式和时尚态度。选用黑灰色调的羊绒面料，体现了一种追求简约、时尚、前卫的东方实用美学，注重细节设计，打造时尚、大气、成熟、唯美的着装风格。裁剪和细节处理上，既保留了传统结构的优点，又通过拼接与建筑元素，结合工艺的创新设计，在形、神、格、意等方面突破原有都市女装设计的传统禁锢，赋予作品以全新的生命力。

（六）设计草图

绘制大量的服装设计草图，从中选择最符合系列主题效果的设计进行优化与修改，作为终稿用于成品制作（图12-18）。

图12-18 设计草图

（七）单品设计款式图

系列设计共计六套，每套由不同品类的单品构成（图12-19）。

本系列运用分合式连体设计的概念，对结构造型进行大胆的创新与突破，将传统的曲线裁剪与简约的直线裁剪结合，强调整体设计的功能性与时尚性。

第一套为合体翻领长袖风衣，搭配双色粗编织呢，合体A廓型设计，双层翻领与结构线浑然一体，金属门襟拉链增添设计的质感，高开衩设计使整体搭配更有层次感，精湛的工艺与巧妙精致的细节设计结合，既实用又美观。

第一套　　　　第二套　　　　第三套

图12-19

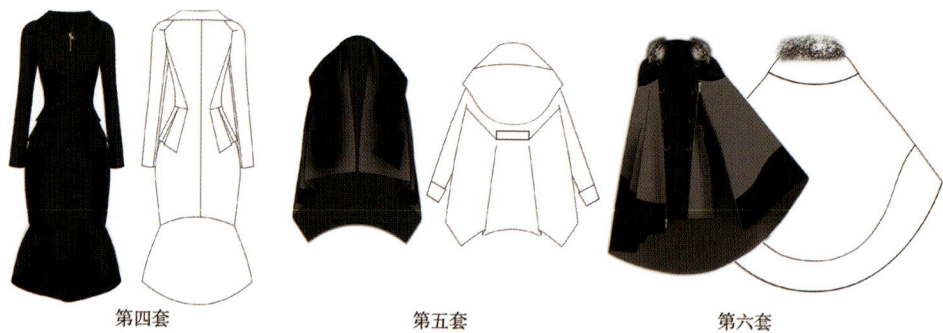

第四套　　　　　　　　　第五套　　　　　　　　　第六套

图12-19　单品设计款式图

第二套为无袖立领连体裤，既可单穿，也可配搭短外套。连身立领设计使整体线条流畅简洁，上身折线拼色分割的灵感源于稳定且简约的现代建筑结构，形成层次感和立体感的视觉效果，宽松的阔腿设计为女性提供了舒适自在的着装体验。

第三套为立领长袖连衣裙，裙身合体，不对称的鱼尾造型与双色拼接设计打破了传统造型的沉闷。大翻领不对称半脱卸披肩设计，与裙身浑然一体，内部结构巧妙，整体结构线条流畅饱满，突出弧线分割的装饰性。

第四套为长袖翻领合体连衣裙，半开门襟拉链开合，腰部断缝结构调整了裙身的上下比例，口袋设计与衣身分割结构线巧妙结合，波浪裙摆使整体廓型呈鱼尾造型。

第五套为长袖宽松外套，直线裁剪的板型简洁、干练，选用黑灰色系的双色面料设计里外双层的立领连体装饰背心，结构巧妙，细节满满，让设计更具层次感和节奏感。

第六套为背心裙与斗篷巧妙结合的大衣，黑、灰双色拼接增添了设计的细节感和层次感，前身可开合的拉链设计提供消费者更多穿着方式与空间选择，强化了整体设计的功能性与装饰性，皮草领的设计增加了服装的保暖性。

（八）系列设计效果图

选择合适的女性人体动态，绘制系列设计效果图（图12-20）。

图12-20　系列设计效果图

（九）系列成品的整体效果

选用真实的面料制作成品，直观地展示系列设计最终的整体效果（图12-21）。

图12-21　系列成品的整体效果

（十）设计总结

1.建筑形式元素

将建筑外观立面线条、形态等元素运用在服装上，不仅丰富了服装的视觉效果，也提升了服装的文化内涵。

2.羊绒面料的运用与创新

通过拼接、镂空、编织、刺绣等不同的剪裁和缝制技巧，用羊绒面料打造出多种视觉效果。

3.拼色与不对称设计

在不对称设计中，通过拼色过渡与材质搭配，强调创意时尚感的同时，使设计更具层次感和立体感（图12-22）。

图12-22　细节设计

设计

个性风格系列

第十三章

课题名称： 个性风格系列设计

课题内容： 1. 案例一"04"

　　　　　　 2. 案例二"我"

课题时间： 16课时

教学目的： 针对既定的设计主题进行个性风格系列的设计与实训，掌握个性风格
　　　　　　 系列设计的方法。

教学方式： 主题设计与专业实训。

本章重点： 1.设计主题的分析理解与设计灵感的表现方法。

　　　　　　 2.绘制设计草图与单品设计款式图。

　　　　　　 3.系列设计的平面与成品表现。

　　　　　　 4.系列设计过程的总结分析。

个性风格，体现了一种积极上进、乐观自信、简单直接、自我肯定的生活状态，是为寻求新方向、对经典美学标准的突破性探索。个性风格的设计通常使用多种元素，剪裁不规整，交错重叠，变化多样。服饰造型追求标新立异，强调张扬个性与局部夸张，着重对比，体现了小众文化、数码科技、先锋的设计概念和前卫的穿着方式在女装设计中的大胆创新与实验精神。

个性风格最为突出的特点是年轻化与圈子化，受众群体一般为年轻用户，他们喜爱亚文化，并对之有着较强的身份认同和归属感，如洛丽塔（Lolita）爱好者、汉服爱好者等。个性风格的受众群体正逐渐成为具有核心文化内涵与原创设计能力的个性化品牌的核心消费者。

一、案例一"04"

（一）设计灵感

本系列源于对未来主义风格的探索，通过未来元素的感知，营造未来主义风格时尚。流线型的设计象征一种速度感，这种流线型曲线造型被提炼为未来主义的经典元素，并被广泛运用于未来主义风格的建筑、家具和服装等各方面的设计之中。

本系列名为"04"，旨在用编号的形式将系列命名。在未来世界中，仿生人和其他很多产品或许都将以代码的形式命名，这种简洁高效的命名方式将取代文字的意义。

（二）灵感板

根据设计灵感，从中提取相关的元素，制作系列设计的主题灵感板（图13-1）。

（三）拓展知识

1.未来主义

未来主义，是现代文艺思潮之一。意大利诗人兼文艺理论家菲利波·托马索·马里内蒂（Filippo Tommaso Marinetti）于1909年2月在《费加罗报》上发表了《未来主义宣言》一文，标志着未来主义的诞生。未来主义通常展现出科技、金属、机械、工业感的视觉元素，并应用于建筑、绘画、雕塑和服装等多种艺术形式中（图13-2）。

图13-1 主题灵感板

意大利画家贾科莫·巴拉的绘画作品"塑料合奏"　　日本空山基的雕塑作品"机械姬"

图13-2　未来主义艺术作品

2.未来主义服装风格的代表作品

设计师艾里斯·范·荷本（Iris Van Herpen）以3D技术改变着装方式成为时尚界的科技先锋。2019年的"催眠"系列，打破时尚常规，探索人体与自然之间的关系，将3D打印技术与服装完美结合，设计出具有科技梦幻感的高定礼服，被戏称为服装界行走的3D打印机（图13-3）。在2022年秋冬高级时装系列中，她延续了之前一贯的风格，结合半透明的丝质3D打印材料，使富有律动感的反光材质折射出空灵之美，模糊了时尚与科技的边界，营造了一种动态柔美的氛围，打造出清新飘逸的造型，设计超前又极具美学底蕴（图13-4）。

图13-3　设计师艾里斯·范·荷本2019年作品

图13-4　设计师艾里斯·范·荷本2022年作品

（四）设计定位

1.产品品类定位

本系列定位为创意时装。许多品牌一般都会同时推出两条产品线，其中一条为针对大众消费群体的成衣产品，旨在创造更多产品销量；而另一条则用来表达品牌的调性以及展示品牌的设计能力，单价也相对更高。

2.消费群体定位

本系列定位为热爱生活，有一定的消费能力，品牌忠诚度较高，希望通过服装展现个人品位的小众消费群体。

3.营销策略定位

（1）与明星合作，通过活动的曝光以及明星效应来吸引更多消费者。

（2）通过时尚博主或有一些影响力的代表人物，在社交媒体对产品进行分享推荐。

（3）与风格契合的买手店合作，推动线下的销售。

（五）设计说明

系列设计从未来主义中提取灵感元素，运用实验性的造型手法，选用光滑的科技灰针织面料和相互穿插连接的流线曲面造型结构来表达科技与未来的设计理念，传统缝合与金属铆钉焊接结合，将针织面料进行填充与切割，寻求另类的设计表现形式，打造华丽而充满科技感的"硬核"时装形态，在打破传统设计形式的同时，对"未来主义"设计进行重新定义与个性化诠释。

（六）设计草图

根据设计主题与灵感，绘制大量的服装设计草图，从中选择相对满意的设计进行优化与修改（图13-5）。

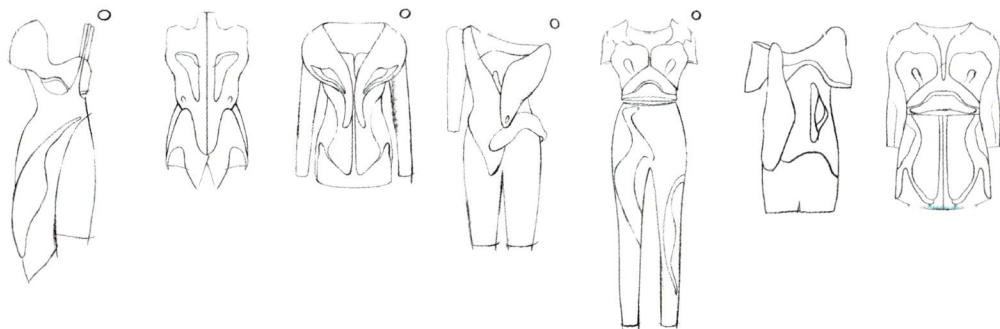

图13-5 设计草图

（七）造型实验

本系列以能凸显未来感和工业感的科技灰为色彩基调，并采用具有一定光泽感的针织面料制作完成，共计四套，每套由不同品类的单品构成。

从灵感板中提取造型元素并绘制出多个造型设计形态，尝试将整体造型进行各种形式的拆分与局部剥离，保留简洁的流线特征，抽象提取出不同形式的造型面，并通过填充、穿插、体量合并、加量变形等造型手法，将多曲面形态进行堆叠与重构，实现服装不同部位的彼此连接。将未来建筑设计不同曲线形态之间的空间关系抽象表现为多层次造型中闭环的流线型镂空结构，既要保证造型的完美，又要体现设计的主题与内涵。这个造型实验往往需要多次试验与反复调整，在这个过程中需要做好必要的设计记录，直至设计出理想的设计效果（图13-6）。

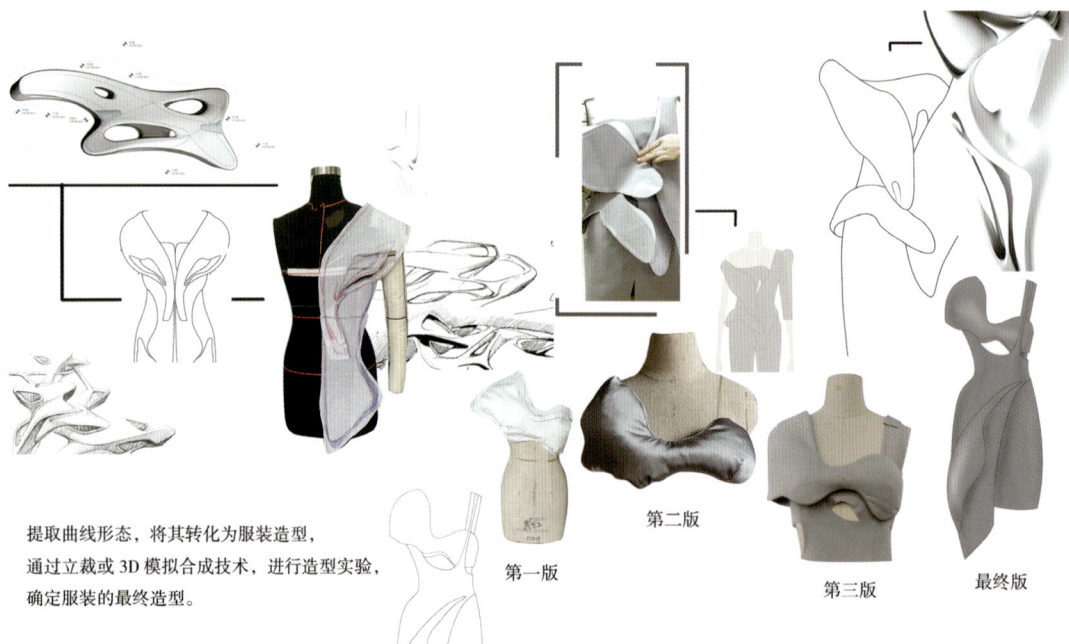

提取曲线形态，将其转化为服装造型，
通过立裁或3D模拟合成技术，进行造型实验，
确定服装的最终造型。

第一版　　第二版　　第三版　　最终版

图13-6　造型实验

（八）系列设计效果图

经过反复的造型实验后，调整出相对满意的服装造型，对设计草图进一步调整与优化，并绘制出准确清晰的系列设计效果图（图13-7）。

（九）系列成品的整体效果

选用真实的面料制作成品，直观地展示系列设计最终的整体效果（图13-8）。

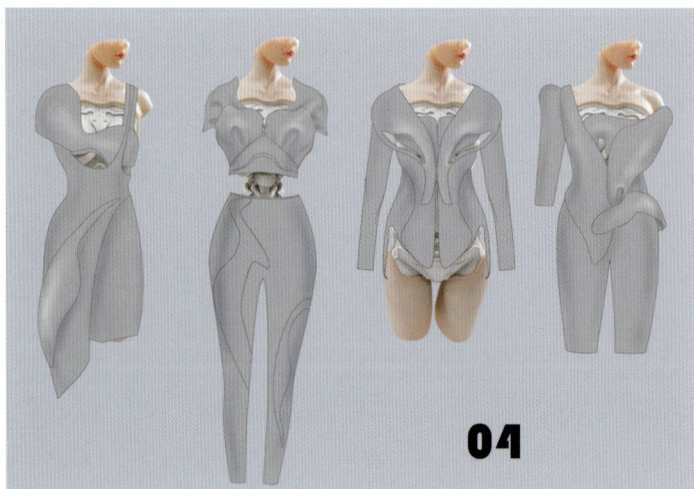

图13-7　系列设计效果图

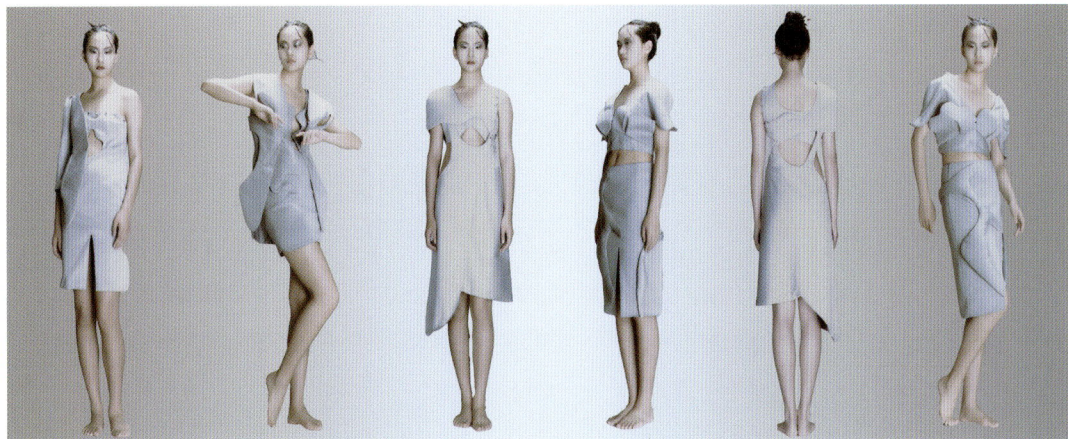

图13-8 系列成品的整体效果

（十）设计总结

1.以造型实验为重点的设计流程

本案例的设计过程可归纳为设计调研、造型实验、绘制效果图以及制作成衣四个流程。

在设计的过程中，首先通过对设计主题、设计灵感与流行趋势等的调研活动，收集丰富的设计素材。对设计素材进行整理与提炼后，便开始进行反复的造型实验（包括图案实验、面料实验、结构实验、工艺实验等），在实验的过程中需要用设计草图及时记录阶段性的造型结果，并对之进行合理化的结构分析。造型实验的过程是验证设计美观性与合理性的过程，也是打开设计思维，激发新的设计想法的过程。其次将理想的造型结果进行调整、归纳和整理，并用设计效果图表现出来。最后采用适合的面料、辅料进行成衣制作。

2.化繁为简的造型之美

设计的重难点是在造型实验的过程中，对特殊造型的结构空间处理与工艺设计，平衡设计的艺术性与适穿性、个性化与商业性之间的关系。整个设计的过程，始终坚持"动手即是设计"的设计理念，把握好整体与局部造型的形态、比例关系，力求用精益求精的设计态度诠释设计主题。通过局部粘衬与辅助填充等造型实验，验证局部造型的可行性，并运用金属铆钉对局部进行装饰，形成材质的对比，调整整体与局部造型的大小、形态与比例关系，简化不必要的结构，对不同部位进行合理化的工艺设计，使不同形态的衣身结构通过组合与穿插，形成内外有序的彼此关联，使整体造型的线条简洁流畅、主次分明，极具现代主义的形式美感（图13-9）。

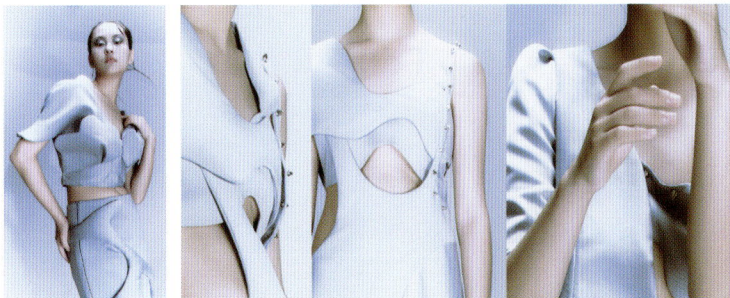

局部造型实验　　　　局部结构关联与金属铆钉装饰

图13-9 化繁为简的造型之美

二、案例二"我"

（一）设计灵感

作为一个中性词，"我"具有表达自我、与众不同的情感色彩，符合嘻哈（Hip-Hop）风格的文化内涵以及嘻哈风格服装年轻化、个性化的特点。本系列强调嘻哈文化"保持真我"（keep it real）的座右铭。设计上采用解构主义设计手法，将原本的服装结构拆分重组，搭配撞色拼接、文字图案元素装饰、金属材质拉链分割、透明面料与不透明面料混搭等设计语言，既保留嘻哈风格特色，又兼具时尚感与艺术感的高街服装系列。

（二）灵感板

对灵感来源进行归纳与提炼，分别制作主题灵感板、面料灵感板、色彩灵感板、造型灵感板（图13-10）。

图13-10　灵感板

（三）拓展知识

1.嘻哈文化

嘻哈文化，始于20世纪70年代，是街头文化的典型代表之一，包含服装、音乐、涂鸦、街头运动等艺术形式。强调个性的嘻哈文化影响了一批勇于接受新鲜事物的年轻人，并一度从美国风靡至全球。

20世纪90年代的嘻哈风格服装淡化性别差异，印有夸张LOGO或戏谑图案的超大码T恤、宽松牛仔裤、两侧带有侧章或拉链的运动裤、运动鞋、平檐棒球帽、各色各样的包头巾、夸张金属饰品等，都是嘻哈风格服装早期的典型搭配单品（图13-11）。

随着嘻哈文化的不断发展，嘻哈风格的服装更加精致简洁，廓型越来越小，不再只有"加大号"服装。嘻哈服装有了明显的性别区别，开始强调女性的性感，上紧下松的搭配、上短下长的组合以及露腰T恤、超短热裤、长筒靴等单品让嘻哈女孩有了更多的选择（图13-12）。

2.嘻哈风格服装的特点

（1）"超大码"（oversize）廓型：嘻哈文化发源于美国最穷的贫民窟布鲁克斯地区，很多孩子常年穿兄弟姐妹剩下来的肥大衣裤，久而久之就形成这种松垮的街头穿着状态。近年来，随着嘻哈风格服装在全球的流行与发展，"超大码"已经成为世界时尚界不可或缺的一种廓型（图13-13）。

（2）运动感：作为一种伴随嘻哈文化而产生的着装方式，嘻哈服装与嘻哈音乐、街舞以及滑板、特技单车等运动有着密切的关系，服装款式上既要适应街舞等运动的肢体律动，还要适应街头篮球与滑板等运动对动作的要求。不同于普遍意义上的运动服，嘻哈服装是一种兼备运动感与街头时尚感的服装形式，带有运动、休闲、个性等特征（图13-14）。

（3）街头混搭：嘻哈音乐勇于吸收不同民族、不同文化的音乐元素，嘻哈服装也继承了嘻哈文化的精神，将不同风格、不同材质和色彩的衣物叠穿在一起，形成了一种新兴的时尚形式，混搭的着装形式在嘻哈文化以及世界服装潮流多元化发展趋势的推动下，已经成为被全世界所推崇的流行时尚准

图13-11　20世纪90年代的嘻哈风格服装

图13-12　品牌Dion Lee 2024年春夏秀场

图13-13　品牌Juun.J 2023年春夏秀场超大码廓型

图13-14　品牌Maison Mihara Yasuhiro 2044年春夏秀场

品牌Vetements 2022年秋冬系列　品牌Dion Lee 2024年春夏系列

图13-15　街头混搭

图13-16　Sankuanz品牌 2023年秋冬系列

则（图13-15）。

（4）涂鸦图案：嘻哈风格服装图案，大多以强调态度和观点的口号标语或戏谑的涂鸦图案为主，在色彩搭配上，多为鲜艳明快、抓人眼球的配色（图13-16）。

（四）设计定位

1.产品品类定位

本系列产品以极具个性的街头风格的大廓型外套及上衣作为核心品类，通过薄纱衬衣和大短裤进行搭配演绎，打造出品味独特的年轻快时尚女装产品。

2.消费群体定位

消费者为喜欢个性化的着装风格，对自己的审美充满自信，经济独立，认可设计价值，不迷信权威品牌与固有的传统时尚，愿意为产品的设计及精神价值买单，以彰显自身品味的一至三线城市潮流女性群体为主力。

3.营销策略定位

（1）选择具有文化氛围的核心商圈，主动走进目标群体的生活半径，通过涂鸦大赛、街舞比赛等与嘻哈文化相关的活动或时尚展会，吸引目标群体，输出产品文化，构建品牌认知，获取消费认可。

（2）与具有代表性的时尚博主合作或邀请街舞达人代言，赞助相关说唱、街舞比赛参赛选手服装等KOL营销，与目标群体建立信任，以达到高效营销。

（五）设计说明

系列设计以"街头嘻哈"为灵感来源，运用不对称解构和拼接设计手法塑造廓型，使服装具有新颖的外形特征，将汉字进行偏旁部首打散拆分形成图案装饰于服装局部，并对肩部、门襟、腰部、下摆的结构进行二次解构与重组，运用对比的撞色拼接进行细节设计，金属光泽感的复合面料、透明欧根纱、金属拉链的运用使整个系列酷感十足、前卫叛逆，代表了"打破规则，定义自我"的新时代女性形象。

（六）设计草图

根据设计主题与灵感，绘制大量的服装设计草图，从中选择相对满意的设计进行优化与修改（图13-17）。

图13-17　设计草图

（七）单品设计款式图

系列设计共计五套，每套均由不同品类的单品构成（图13-18）。

图13-18　单品设计款式图

第一套为宽松外套与长款衬衫的组合。翻领与连帽领结合，不对称门襟、口袋和拉链装饰使整体强化了不对称分割的美感。内搭薄纱面料长衬衫，内外形成一遮一透、一轻一重的对比效果。

第二套为宽松外套、长款衬衫与短裤的组合。外套采用不对称剪裁，运用立体翻折的手法将衣身、下摆与领部的面料进行折叠展示，不对称的领形、袖窿及下摆，增加了系列设计的结构层次，袖口与前身的不对称条纹撞色拼接，结合解构文字图案，丰富了整体形式的视觉美感。内搭薄纱面料长衬衫与拉链开衩短裤，增添了一份帅酷的性感。

第三套为圆领短袖T恤与不对称长裙的组合。不对称前身及下摆的宽松T恤，通过拉链从底部往前胸口袋处拉开与从中间往两头拉开的组合形式，露出白色假两件式内搭及部分肩部皮肤，丰富了整体穿着的视觉层次感。不对称长裙设计斜向分割线的金属拉链，实现了波浪裙和一步裙的造型与功能的转换。

第四套为宽松立领长袖外套。连身袖覆盖波浪褶饰，内侧黑色夹里，边缘装饰光泽感的金属拉链与套头立领巧妙结合，前中工字褶内拼接印有解构汉字图案的黑色面料，随动作时隐时现。下摆设计为前短后长造型，裙摆斜侧拉链，可根据喜好上下调节。

第五套为棒球夹克、圆领卫衣与短裤的组合。夹克整体采用不对称分割与撞色拼接，袖身利用拉链的开合功能，可展露出印有解构文字图案的透明黑纱圆领内搭。下装搭配不对称结构的短裤，利用拉链在裤身一侧设计可开合的搭片。

（八）系列设计效果图

选择合适的女性人体动态，绘制系列设计效果图（图13-19）。

图13-19 系列设计效果图

（九）系列成品的整体效果

选用真实的面料制作成品，直观地展示系列设计最终的整体效果（图13-20）。

图13-20 系列成品的整体效果

（十）设计总结

1.黑白撞色拼接

不对称结构结合黑白撞色拼接，强化作品的时尚感与个性化（图13-21）。

2.解构文字图案

将"我"字的"手"和"戈"偏旁解构拆分，进行图案创新与二次设计，灵活运用于服装局部，产生丰富有趣的装饰效果，增强系列的设计感（图13-22）。

3.金属拉链细节

金属拉链细节与服装结构进行创意组合，既具备装饰功能，又具有可开合的功能性，从而实现内部局部造型的变化，形成更为丰富的视觉效果（图13-23）。

图13-21　黑白撞色拼接

图13-22　解构文字图案

图13-23　金属拉链细节

附录 "木由忆"品牌春夏系列产品设计方案

完整的设计方案一般包括设计进度表、产品波段规划表、产品结构规划表、产品编码系统、设计预算表、系列主题企划、灵感方案、配色方案、面料方案、工艺方案、款式设计图、系列效果图等，不同的设计组织可以根据设计任务的实际情况进行增减。以四川省木由忆服饰有限公司"木由忆"品牌为例，列出春夏系列产品设计过程中涉及的关键图表，为设计师制作设计方案提供参考。

一、设计进度表（附表1）

附表1　设计进度表

开发进度	7/10~7/14	7/17~7/21	7/24~7/28	7/31~8/4	8/7~8/11	8/14~8/18	8/21~8/25	8/28~9/1	9/4~9/8	9/11~9/15	9/18~9/22	9/25~9/29	10/02~10/13	10/16~10/20
部署设计任务														
市场调研（调研报告）														
产品企划（企划报告）			*											
设计初稿（面、辅料收集）						*								
修正初稿（补充款式）														
设计终稿（部分调整）									*					

续表

开发进度	7/10~7/14	7/17~7/21	7/24~7/28	7/31~8/4	8/7~8/11	8/14~8/18	8/21~8/25	8/28~9/1	9/4~9/8	9/11~9/15	9/18~9/22	9/25~9/29	10/02~10/13	10/16~10/20
样衣制作														
样衣补充（修正）														
样衣初审会												*		
样衣调整（补充）														
样衣终审会（微调）													*	
订货会														

注　*为部门沟通会，参加对象和具体时间另定。

二、产品波段规划表（附表2）

附表2　产品波段规划表

季节	波段	预计上货时间	设计品类
春季	第1波段	1/1~1/10	薄风衣、薄毛衣、西服、衬衫
	第2波段	1/10~1/20	牛仔裤、薄夹克、工装外套、休闲单衣
	第3波段	2/1~2/10	休闲长袖衬衫、长袖T恤
夏季	第1波段	3/15~3/25	牛仔裤、休闲裤、休闲短袖衬衫、正装短袖衬衫（部分）
	第2波段	4/1~4/10	牛仔裤、休闲裤、西裤、休闲短袖衬衫、正装短袖衬衫（剩余款式）
	第3波段	4/15~4/25	短袖T恤（部分）
	第4波段	5/1~5/10	短袖T恤（剩余款式）、广告衫、沙滩裤
秋季	第1波段	7/25~8/5	休闲长袖衬衫、长袖T恤、正装衬衫、西服、牛仔裤
	第2波段	8/15~8/25	毛背心、薄毛衫、休闲单衣、薄夹克、休闲裤、西裤
	第3波段	9/5~9/15	薄工装外套、薄风衣

续表

季节	波段	预计上货时间	设计品类
冬季	第1波段	10/5~10/15	厚毛衫、厚夹克、厚休闲单衣、羊绒工装外套、牛仔裤、休闲裤、西裤
	第2波段	10/25~11/5	羊绒大衣、真皮皮衣、小棉衣（棉胆、面包服）、工装棉衣（棉胆）
	第3波段	11/15~11/25	小棉衣（羽绒胆）、工装棉衣（羽绒胆）、尼克服（皮草）、风衣

三、产品结构规划表（附表3）

附表3　产品结构规划表

产品线	夏2波	款式数量	构成比例	
基础线	牛仔裤	5	54%	设计主题：《都市·治愈》 零售定位：以都市通勤套装为基础，将带治愈感的色彩和材质巧妙地融合到现代人通勤造型中，以柔和的表达慰藉都市快节奏下需要被治愈的心灵，以迎合消费者探寻自我的心理需求 年龄定位：22~28岁
	休闲裤	2		
	西裤	1		
	休闲短袖衬衫	5		
	正装短袖衬衫	1		
流行线	休闲裤	2	31%	设计结构： 54% 基础线主打经典都市通勤风格，款式以往年畅销款为主 31% 流行线主打适合品牌风格的创新通勤风格，采用畅销面料和畅销色 15% 时尚线主打季节流行趋势下的时尚通勤风格，可应用新型面料和季节流行色
	西裤	1		
	休闲短袖衬衫	3		
	正装短袖衬衫	2		
时尚线	西裤	2	15%	色彩结构： 70% 品牌基础色和畅销色 30% 季节流行色
	正装短袖衬衫	2		
合计		26	100%	
上货期限	4月1日~4月10日			面料结构： 50% 畅销面料 30% 季节流行织物和新型面料 20% 高品质面料

四、产品编码系统（附表4）

附表4　产品编码系统

品牌	品类	性别	年份	季节	流水号	颜色编码	尺码编码
1位	1位	1位	2位	1位	3位	2位	2位
字母	字母	数字	数字	数字	数字	数字	数字
品牌			年份		颜色		

续表

品牌	品类	性别	年份	季节	流水号	颜色编码	尺码编码
品牌一 A			2020 20		黑色 01		
品牌二 B			2021 21		白色 02		
品牌三 C			2022 22		蓝色 03		
品类			季节		尺码		
连衣裙 L			春季 1		36 XS		
大衣 D			夏季 2		38 S		
衬衫 C			秋季 3		40 M		
			冬季 4		42 L		
性别							
男 1							
女 2							
		样衣编号 AL2213001		产品编号 AL22130010238			

五、样衣卡（附表5）

附表5　样衣卡

样衣卡
样衣编号：
面料编号：
里料编号：
特殊工艺：
辅料编号：
修改记录：
设计：_____　制板：_____　做样：_____ 签名：_____　　　　　　日期：_____

六、样衣制作通知单（附表6）

附表6 样衣制作通知单

编号：GLL2014228		名称：连衣裙	规格表（M码，号型：160/84A）				单位：cm	
下单日期：		完成日期：	部位	尺寸	部位	尺寸	部位	尺寸
			衣长	120	小肩宽	38	前腰节	—
			胸围	84	领高	—	后腰节	—
			臀围	86	前领深	15	下摆宽	—
			腰围	64	前领宽	18	立裆深	—
			袖口围	—	后领深	1.5	裤脚口宽	—
			背长	28	后领宽	18	袖长	—

款式图：

款式说明.
深V领围裹式连衣裙，饰大荷叶边，配腰带

工艺说明：

1.针距：平车针距13针/2cm
2.线迹要求不跳针、上下线迹一致，不勾丝
3.连衣裙各部位规格正确，面、里料松紧适宜
4.衣身平服顺直，丝缕不歪斜
5.口袋、腰带平服、不起皱
6.袋盖、袋面缉0.5cm明线，贴于衣身缉0.1cm明线，腰带缉0.1cm明线
7.各部位整烫平整服帖，烫后不起污渍、水迹

面料：	辅料：
双绉雪纺	舒美绸里布
	15cm长隐形拉链 黏合衬

改样记录：	绣花印花：
无	无

设计：	制板：	样衣：

内　容　提　要

全书坚持"动手即是设计"的理念，以女装造型的设计与实训为重点内容，将专业知识整理为不同的模块进行教材架构，打破了传统女装设计类教材的固有思路，深入浅出，图文并茂，通过真实具体的设计案例，展示并解析了女装造型设计的全过程。内容与时俱进，强调教材的专业性与实用性。

本书可作为服装类高等院校服装与服饰设计、服装设计与工艺、纺织工程等专业的教学素材，也可供相关专业学生选修或自学，还可为服装设计师、样板师、行业相关领域工作人员以及服装设计爱好者提供专业借鉴与参考。

图书在版编目（CIP）数据

女装造型设计与实训 / 刘佟，秦诗雯，王一楠著. 北京：中国纺织出版社有限公司，2025. 7. -- （"十四五"部委级规划教材）. -- ISBN 978-7-5229-2437-3

I. TS941. 717

中国国家版本馆 CIP 数据核字第 2025L2A575 号

责任编辑：李春奕　　责任校对：高　涵　　责任印制：王艳丽

中国纺织出版社有限公司出版发行

地址：北京市朝阳区百子湾东里 A407 号楼　邮政编码：100124

销售电话：010—67004422　传真：010—87155801

http://www.c-textilep.com

中国纺织出版社天猫旗舰店

官方微博 http://weibo.com/2119887771

北京通天印刷有限责任公司印刷　各地新华书店经销

2025 年 7 月第 1 版第 1 次印刷

开本：889×1194　1/16　印张：10

字数：150 千字　定价：69.80 元